人类发展与人类生活

（美）迈克尔·斯洛特（Michael Slote） 著
晏扩明 王坤 译

天津大学出版社
TIANJIN UNIVERSITY PRESS

RENLEI FAZHAN YU RENLEI SHENGHUO

图书在版编目（CIP）数据

人类发展与人类生活 /（美）迈克尔·斯洛特
(Michael Slote) 著；晏扩明，王坤译．-- 天津：天
津大学出版社，2023.3(2023.9重印)
（哲学社科类译著丛书）
书名原文：Human Development and Human Life
ISBN 978-7-5618-7422-6

Ⅰ．①人… Ⅱ．①迈… ②晏… ③王… Ⅲ．①发展心
理学②社会心理学 Ⅳ．① B844 ② C912.6-0

中国国家版本馆 CIP 数据核字 (2023) 第 069725 号
天津市版权局著作权合同登记图字第 02-2021-184

出版发行	天津大学出版社
地　　址	天津市卫津路 92 号天津大学内（邮编：300072）
电　　话	发行部：022-27403647
网　　址	publish.tju.edu.cn
印　　刷	北京虎彩文化传播有限公司
经　　销	全国各地新华书店
开　　本	787mm × 1092mm　1/16
印　　张	9.5
字　　数	129 千
版　　次	2023 年 3 月第 1 版
印　　次	2023 年 9 月第 2 次
定　　价	38.00 元

目录

译者前言

在阅读了卡罗尔·吉利根的著作之后，斯洛特的思想受到了极大的冲击，并且深刻地意识到感性关怀比理性思考更重要。当他完成《源自动机的道德》（*Morals From Motives*）时，他还没有意识到移情（empathy）的概念。当他在马里兰大学做哲学院院长的时候,他的助手第一次跟他提及移情与堕胎有关系，这促使斯洛特开始思考：移情是否能够与任何事物都产生关系。

1998 年，斯洛特开始思考所有事物与移情的关联，但是此时的他还没有成为一个情感主义者。随着时间的推移，到 2001 年时，斯洛特逐渐开始思考移情是如何与道义论联系在一起的。当他更为直观地去面对功利主义者关于集体利益最大化的相关命题时，他意识到自己已然成为一个真正的情感主义者。

《关怀与移情的伦理学》（*The Ethics of Care and Empathy*）是他第一次出版有关情感主义的著作，在这本书中，斯洛特指出移情可以与任何事物相关，尤其强调了移情与美德相关。2013 年，斯洛特的理论还延展到移情与形而上学的相关性问题。

《道德情感主义》（*Moral Sentimentalism*）是一部关于讨论移情是如何与道德思想结合起来的作品。在休谟之后，只有斯洛特在美德与道德思想的情感主义层面上论及了这个问题。情感是与理性的思考相关的，这是休谟不曾提及的。因此斯洛特认为这是一种在他这里特有的哲学的情感主义（philosophical sentimentalism）。2014 年，《一种情感主义者的心灵理论》（*A Sentimentalist Theory of Mind*）出版，这意味着斯洛特已将自己定位为一个哲学的情感主义者（philosophical sentimentalist）。直到此时，斯洛特的作品当中还没有出现有关中国哲学的"阴阳"（斯洛特将"阴"翻译为 recepitivity，接受性；"阳"翻译为 activity，能动性）概念。但是，按照斯洛特所说，他此时已经开始思考有关接受性和能动性的问题。他认为，"阴阳"和情感主义从不同的路径中来，但是却有着互通的交叉点。斯洛特意识到，移情就是一种接受性（receptivity），而移情又是情感主义的基础。当他第一次看到中国哲学关于"阴"的相关解读时，他认为对阴最好的定义应该是接受性；而后他又想到"阳"也应该有移情来源，"阳"是具有能动性的行动。这种思考是他将"阴阳"概念与移情、情感主义结合起来的开端。2018 年，斯洛特完成并出版了他的第一部系统介绍阴阳概念与情感主义之间内在关联的《阴阳的哲学》（*The Philosophy of Yin and Yang*）。

斯洛特一直以来都对哲学和心理学最为感兴趣，而他对伦理学的兴趣却是断断续续的。当斯洛特在哈佛大学读本科时，他对伦理学十分感兴趣。当他成为一个研究生时，他开始对认识论感兴趣。从教之后，斯洛特又重新拾起了对伦理学的兴趣。斯洛特认为有两部分原因导致他最终转向了伦理学研究：一部分原因,是他认为他在伦理学研究上能够比在哲学的其他领域做出更多的贡献;另一部分原因是，在西方哲学的很多领域中需要做纯粹逻辑的工作，但是斯洛特对纯粹逻辑并不感兴趣，他认为伦理学对纯粹逻辑的需求并不像其他哲学那样多。

在很长一段时间之内，斯洛特都暂时抛弃了他本科时期关于心理学的研究。因为当时的斯洛特并没有想到过伦理学会与心理学产生关系，而这二者之间的联系是他在后来的研究过程中才逐渐发现和挖掘出来的。因此，当我们仔细阅读斯洛特后期的作品时，才会看到在他的哲学当中存在着心理学与伦理学的关联性研究。

直到最近几年斯洛特才开始在伦理学研究中广泛使用心理学的观念和移情概念。同时他还意识到，他在本科时期对心理学的学习，可以更加深刻地发展到纯粹心理学的学术中去。

本书就是斯洛特关于心理学学习成果的发展和延伸。他曾经使用心理学的知识去辅助伦理学的研究，但是直到最近几年，才又重新回到纯粹的心理学问题。本书也是斯洛特对纯粹心理学反思的结果。斯洛特并不认为他的这本书是关于伦理学的，而认为是关于心理学的。在他看来，在非常普遍的意义上，这本书还是关于哲学的。因为心理学在广义上归属于哲学，本书在最广泛的层面上囊括了哲学性的思考。

斯洛特在本书原版出版的三年前便开始了他的写作。“反思生命周期”这一章是他受到吉利根反对埃里克森的性别歧视的影响，努力去反思埃里克森的人类生命周期的结果；而“描绘人类生活”则开始写作于 2010 年。这一章是起始于一种对利己主义的反驳—— 纯粹的愿望不是利己主义的，不仅仅人类生活中的一部分欲求不是利己主义的,而且绝大多数的欲求都不是利己主义的。当他第一次反驳利己主义的时候，他在考虑使用利他主义。然而随后便发现，许多动机都不是利他主义的,而是一种学术界从来没有深刻挖掘过的动机类型。斯洛特称之为“中性主义”（ neutral motivation ）。总的来说，关于“中性主义”的思考，斯洛特经历了三个阶段：第一阶段，他认为这些属于中性主义的动机是利他主义的；第二阶段，在受到马斯洛的影响之后，他发现有一些心理动机既不是利己主义的也不是利他主义的；第三阶段，他还发现了许多马斯洛没有提及的动机和欲求既不属于利己主义也不属于利他主义。

由于在本书写作的时候，斯洛特还没有系统地梳理阴阳哲学与移情之间的逻辑关系，因此在本书中他的一些观点在近几年又相应地有所发展。比如，他在本书之中还仅仅是认为移情创造了中性主义并且与之产生联系，但是却没有把二者真正完全地结合在一起，因而也并不是用接受性与能动性相结合的观点来解释相关的问题。在最近的交流中，斯洛特还特别提到，如果能够以他最新的关于阴阳哲学的研究来解读中性主义，将是一个非常重要的研究方法。

因此，经斯洛特本人同意，译者将斯洛特近年来在中国各高校巡回演讲的讲稿整理翻译出来，并选取其于2018年5月在南开大学的“东西哲学系列讲座”中的三篇讲稿作为附录，附于本书正文之后，作为对理解本书思想的延展和补充。由于译者学术和翻译水平有限，在翻译过程中不免存在一些瑕疵，真诚地希望广大读者给予谅解，并提出珍贵建议。

晏扩明

2023年，于北京

第一章　导论

摘要：导论概括说明了本书所要追溯的东西。这里表明，在本书标题当中的人类发展的观念是一种全面发展的观念，而不是专门用于或诉诸某种认知形式的发展。这种发展是类似于埃里克森等人提出的关于人类生命周期和关于成人身份得以形成的全面发展。但是埃里克森的理论具有性别歧视的特征，这是卡罗尔·吉利根（Carol Gilligan）已然敏锐地批评过的。我们需要一种对于男性和女性都平等适用的生命周期和成人身份，本书的第二章提供了这种说明。本书的第三章，也就是最后一章，论述了在一般情况下人类的生活是什么形态的。借用 A.H. 马斯洛、R.W. 怀特以及其他一些心理学家的观点，关于人类生活的最普遍和最基本的动机，既不是利他主义的也不是利己主义的，而是要把外在于我们生活的人和事物融入我们自身之中，并且视其具有内在的重要性。

关键词：埃里克森；吉利根；马斯洛；生命周期；发展；动机；性别歧视；R.W. 怀特；身份

本书的内容是关于人类生活和人类生命的。这起始于一个关于人类生命周期的讨论，然后借由这个讨论和许多其他的观点来描绘一种普遍的人类生活状态。要说明的是，接下来大家不会看到纯粹抽象的哲学。当我发现有一些源于心理学和社会学的观点更为普遍地适用于本书的一般目的时，我就会使用那些观点。但不可否认的是，几乎在本书每一个角落里，哲学的思想和方法都将会或者说应当会出现。

在本书的标题当中出现的人类发展的概念将会以一种十分具体且直接的方式被加以理解。认知过程的发展和运动技能的发展是人类发展的两个例子或两种形式。但是当谈论到人类发展时，我将以一种特定的、可以说是更加概要的方式来看待我们的发展。在 20 世纪之前，还没有多少关于人类生命周期的讨论，如果有的话，那么埃里克森就是第一位试图对我们的生命周期及各个阶段进行系统描述的人。（弗洛伊德仅仅是谈论了童年时期，埃里克森则将其延伸到成年以至老年。）我将在这里谈论的人类发展是与人类生命周期相关并且发生于其中的。

埃里克森关于生命周期的理论在很大程度上借鉴了弗洛伊德。不过，正如刚才所说的那样，他已然延伸并超越了弗洛伊德所试图阐明和捍卫的任何东西。但是事实证明，在埃里克森的生命周期图景中，相当一部分的假设具有性别歧视性。女性的发展阶段对埃里克森来说是次要考虑的，甚至当他关注女性时，也仍然持一种旧有的方式。这种旧有的方式并没有完全发挥女性在事业上的潜力，也没有说明女性该如何在家庭以外获得有意义的工作等有关问题。除此之外，即便当他把注意力集中在正常的男性发展上时，他所说的关于童年的阶段也没能为其假设铺平道路。尤其是，他没能解释为什么他会认为男性和女性最终都能够达到表现情感亲密能力的阶段。

上述后面的这个观点来自卡罗尔·吉利根的经典著作《不同的声音：心理学理论与妇女发展》。吉利根还给我们展示了埃里克森所持有的和假定的性别歧视性。然而，吉利根从未给我们任何其他的选项，即她并没有给出一种关于人类生命周期的非性别歧视性的且适合全部人类发展的图景，而这正是我在本书的第二章中要尝试去做的。这一章的主题就是：反思生命周期。

本书的第三章标题为“描绘人类生活”，也同样是关于人类发展和人类生活的内容，但是其中较少地谈到人类的发展和变化，而是更多地谈论全部人类的生活是什么样的。当然，许多哲学家或其他思想家都曾给我们提供过或明确或含蓄的人类生命的整体图景。例如，我们在萨特的《存在与虚无》中发现了这样一种图景：在最为普遍的意义上，人（原文如此）是徒劳的激情（Man is a futile passion）。弗洛伊德、海德格尔、霍布斯、休谟，以及许多其他的思想家也同样给我们描绘了关于人类生命和人类生活的图景，但是在本书的第三部分，我将要说明的东西与其他所有的这些观点都将形成鲜明的对比。在那里，将使用一些在社会科学中为人熟知的观念，而这些观念中的绝大部分都不是刚刚提到的思想家们所使用过的，并且这些观念将从根本上，集中地对我所描述的包括所有人类生命在内的生命样态产生影响。也就是说，本书所表达和捍卫的观点是，在这种生命图景下的人类生活既不像以往其他人所说的那样悲观，也不像另一些人所说的那样乐观。

我这里所做的工作也同样在很大程度上有别于之前所做的任何工作。了解的人可能知道，在过去的十几年间，我一直在捍卫着一种道德情感主义。休谟试图从情感主义者的角度来理解道德规范 / 美德以及道德语言的意义，而我则一直在寻求制定一种当代版的具有规范性和元伦理学意义上的情感主义理论来处理情感主义内部潜在的问题，同时寻找情感主义潜在的机遇。这是休谟从来没有想过的，甚至是不清楚的（例如，休谟确实不清楚什么是或者什么将会涉及道义论的辩护问题）。这个观点我在《道德情感主义》（牛津大学出版社 2010 版）一书中做出了充分的阐释，尽管在随后的工作中又不得不解决一些由该书所引出的补充性问题。但是，本书并不涉及作为整体的伦理学理论的道德情感主义的任何成果。本书没有对更为广泛的情感主义形式，亦即本人在近年来的工作中所追求的情感主义形式（我称之为哲学的情感主义）有所诉求，也无须在此提出此等诉求。在过去的几年里，我开始意识到情感和情绪在认识论和心灵哲学中所起的作用比当代分析哲学家，甚至是比休谟自身所意识到的东西更具有中心性和基础性。但是，本书几乎将会把这些进一步的想法以及这些新的问题都暂且搁置一旁。

最后，为准确起见，我发现我很难把我在这里所做的事情按照人们所熟悉的哲学领域或与其相关的分支学科进行归类。不应当将其视为伦理学：我将要描述的是人类的生活，而不是为他们推荐或开出某种处方，即便这种描述将处于一种非常普遍的层面之上。此外，用“生命哲学”来描述即将在本文中所尝试描述的东西似乎也是某种误导性的方式。生命哲学通常被认为是涉及以生命为中心（一个人该如何指引他自己的生命）从而理解生命的。（如刚才所说的）本书不会涉及任何一种具有伦理学含义的生命哲学。马克斯·舍勒关于哲学人类学的观念也不适合本书中所提及的观点。本书的重点将更多地放置在人类生活的真实性上，而不是人类存在的真实性上，并且哲学人类学对这种区分似乎也并没有做出说明。或许我们可以说，这里正在思考的是一种普适的“哲学传记”。然而这在某种程度上是一个尴尬的新词，也许我们无须为了有所成就、有所作为或者是合理性等原因就一定要对本书的哲学领域做出明确的描述和说明。即便是现在我们对于如何描述当下所做的事情存在困难，我们也仍然可以继续做下去。

致谢：我要感谢 Otávio Bueno 对本书项目的鼓励和建议。

第二章 反思生命周期

摘要：卡罗尔·吉利根对艾瑞克·埃里克森的带有性别歧视性的生命周期假设进行了批判，但是她却从未提出过任何可供选择的普遍性论述。然而，我们可以通过借鉴其近年来关于如何平衡职业和家庭的观点来得到答案。成年人身份的形成，是通过其在生活当中对职业（或个人的自我实现）和家庭（或人际关系）的“选择”程度来决定的。虽然埃里克森撇开了人类发展的内在关系问题，但是他的工作却为我们能够形成更为全面的、非性别歧视性的发展图景提供了材料，该发展图景认为男性和女性所面对的是相同的基本发展问题。

关键词：发展；埃里克森；吉利根；性别主义；女权主义；身份；职业；家庭；生命周期；弗洛伊德

我不确定是什么原因致使我们对于当下有关生命周期的讨论视而不见。曾经属于（发展）心理学末端的人道主义中的热门话题，似乎对当下的心理学家、教育家和精神分析学家来说并不是那么有趣。并且我有一种感觉，其主要原因可能与发生在精神分析领域中的事情类似。女权主义者们从多个角度批判了精神分析学，而精神分析学则在某种程度上处于劣势；我感到，类似的形势或影响可能也同样削弱了人们对于生命周期问题的兴趣。毕竟，关于这个话题的最著名的工作都是由精神分析学家来完成的，尤其是弗洛伊德和艾瑞克·埃里克森，尽管他们之间存在一些重要的分歧，但是他们关于生命周期的言论却都遭到女权主义者的压倒性批评。特别是，正如卡罗尔·吉利根所说的那样，弗洛伊德和埃里克森，尤其是埃里克森的早期著作，都只是从男性的经验和发展的角度来描述生命周期的。在我看来，我们所追求的应当是一种对男女双方有着平等理解的人类发展图景。此外，当埃里克森最终提出女性的发展阶段时，他将这种发展视为与典型的男性模式完全不同的其他模式，并且涵盖了吉利根等人所强调的性别假设。然而，吉利根（在《不同等声音》中）仅仅为我们提供了一个女权主义者的女性发展图景，且其图景仅仅适用于女性，而不是一种简单人性化的非性别主义描述。而对此我们应该可以做得更好，至少做得更多。我们或许能够提出——我们当中的大多数希望拥有的——一个不仅仅是非性别主义的人类发展阶段，并且这个阶段可以同时适用于男性和女性。我想说的是，这将是首个真正的人类发展图景，它既没有出现在埃里克森早期的有着性别歧视性且带有区别性的人类发展模式中，也没有出现在吉利根随后的反对意见里。我暂且假设大多数人已经阅读过埃里克森关于生命周期的一些著作：如他在《童年与社会》中提出的“人的八个阶段”，他在《同一性与生命周期》中关于生命周期的更长篇幅的说明，或者是在他的其他作品中关于这个概念的处理[①]。埃里克森对人类生命周期的描述远远超出了弗洛伊德。弗洛伊德虽然也谈到了儿童发展的各个阶段，但他并没有像埃里克森那样注重童年之后的人的发展。并且，埃里克森试图避开弗洛伊德式的关于潜意识过程的独特见解。可以肯定的是，当他谈到信任（信任感）与不信任这个基本问题时，他的头脑中显然保有着弗洛伊德关于人类发展的口头阶段的观念。但是，他并没有着重使用这些观念，而且弗洛伊德的元心理学也没有被明确地引用。他所说的看起来更像是常识。因此，让我简要地总结一下埃里克森所讲述的关于人类发展的早期和中期阶段，因为这将使接下来的解释变得容易，也便于我们能够专注于同样的问题，并且更加容易地去理解吉利根对弗洛伊德和埃里克森观点的女权主义批判。

粗略地讲，埃里克森认为有一系列人类发展的早期阶段，在这个系列中的每个阶段都代表着儿童的一项“任务”。并且他认定，每一个特定阶段的德性都取决于孩子对那项任务完成的情况。最开始的那个阶段的任务是在对父母建立信任的基础之上建立起对世界的信任（以及运用自己的能力取得成功），从

① 我将主要依据《童年与社会》（1950 年版）。

而为人们提供所需要的东西（如食物和慰藉）；如果父母或大环境不能可靠地提供这些东西，那么孩子就可能会变得多疑而不容易信任他人。当然，所有这一切的前提是，如果某人拥有一个可以信赖的初始环境，并因此能够发展出基本的信任，那么这个人会过得更好，这就是埃里克森称之为第一个发展阶段的美德的意义，这个阶段就是他所说的基本信任感与不信任感阶段。虽然我并没有打算质疑他潜在的价值判断，但是值得注意的是，特定阶段的美德并不完全如大多数伦理学家所倾向认为的那样，如成人的伦理德性几乎完全取决于其孩童阶段。如果一个孩子不能发展出基本的信任感，那可能是因为他们所处的环境是不可靠的。因此就埃里克森而言，缺乏特定阶段的美德显然并不意味着对孩子有任何道德上的批评。

埃里克森接下来谈到了一个关于自主、羞耻和怀疑的阶段。这一阶段以完成如厕训练为中心。受训者的美德在于在某种程度上养成上厕所的习惯，其基本在于接受而不是憎恨这种习惯。埃里克森描述了一系列的后续阶段，能够成功或良好地完成这些阶段有助于儿童或在其之后的青少年及成年人阶段得到进一步的发展。但是，除非能够有利于理解卡罗尔·吉利根对埃里克森的批评，或者有助于对更为宏大的人类生命周期图景的勾勒和捍卫，否则对此我不会做出更进一步的详述。所以，现在是时候指出究竟是什么让吉利根对埃里克森的理论如此反感了。

吉利根在其开创性的著作《不同的声音：心理学理论与妇女发展》一书中所反对的主要目标并不是埃里克森，而是劳伦斯·科尔伯格（这三个人在哈佛大学都曾经或已然相互关联在一起）[1]。科尔伯格曾经分阶段地对道德发展的原理做出阐释，当他得出女性往往比男性更少地完成那些阶段并且由此推断出男性在总体上比女性更优越的结论时，吉利根则对此有着完全不同的见解[2]。科尔伯格关于道德发展的研究全部都是针对男性进行的，吉利根认为，如果通过科尔伯格（以男性为基础）的各个阶段发现女性没有男性先进，那只能说明女性的道德发展不同于男性，而不是比男性差。吉利根以这个结论为基础来为她的书选择标题，并且最终以这个结论来提出，要以与男性不同的视角来思考女性的道德。男性依据正义、权利、自主和（制度的）规则来考虑；女性则以直接联系[3]和关心他人来考虑。所以，当科尔伯格说女性没有正义感时，他倒向的是与弗洛伊德在论及女性缺乏正义感时一样的偏见[4]。科尔伯格与弗洛伊德所说的是同样的东西，他们两人都漏掉了一个要点，那就是正义未必是道德的中心概念或核心关切。吉利根接着继续指出，女性倾向于成为一种关怀道德的典范，规则、自主和正义并不是道德的一切含义（但是，在后来的著作中，她较少地强调与性别的关联，而是更多地强调在正义与关怀之间处理道德问

① 关于吉利根的批评，可以参考她的《不同的声音：心理学理论与妇女发展》（1982 年版）。

② 关于科尔伯格对道德发展的论述，可以参见他的《道德阶段和道德化：认知-发展之方法》，载T.利科纳主编：《道德发展和行为：理论，研究与社会问题》（1976 年版）。

③ 译者注：无须道德律作为中介，而是人与人的直接联系。康德说人与人之间的联系在于先通过道德律。

④ 参见弗洛伊德的《性别之间解剖学差异的心理后果》，载詹姆斯·斯特雷奇编译：《标准版西格蒙德·弗洛伊德心理学著作全集》第 19 卷（1961 年版）。

题）。

所有这些理论背景都与吉利根对埃里克森的批评以及（也许更重要的是）与她书中关于女性（而不是男性）发展的本质的观点有关。她很早就在书中提到了埃里克森，（令人惊讶的是，至少在我看来）她有目共睹地用了三页篇幅来对埃里克森的观点进行削弱[①]。吉利根以两种方式来进行此事：第一，她指出埃里克森在《童年与社会》和《同一性与生命周期》中的原始论述是集中于典型的男性发展的，而且最多也只能精确到男性发展。埃里克森说道，当一个人寻求一个人生伴侣并且加入这段长期的亲密关系之前，他会经历并解决他的身份危机。这是在女性运动之前的旧有的男性模式，并且是即使在今天也存在着的男性模式。无论如何，这都不是典型的女性模式。在专注于男性发展、谈论过只适用于典型的男性的生命周期之后，埃里克森最终承认或声称女性是与之不同的。根据埃里克森的说法，女性与男性不同，她们不是在形成自我终身亲密关系(婚姻)之前来塑造身份，而是倾向于选择一种长期的亲密关系[②]。当然，在女性运动之前，女性的这种情况比现在更为真切。不过，这一事实表明了埃里克森观点的局限性。他最初的做法简单地忽略了女性，而他最终的观点却又

① 参见吉利根的《不同的声音：心理学理论与妇女发展》。在阅读吉利根的批评之前，我一直是埃里克森观点的信徒。但是吉利根让我确信，这些观点是非常错误的，她让我思考是否能够或是如何使用比埃里克森更可信的方式来制定生活发展阶段的理论。换句话说，即使吉利根的批判大体上是正确的，人们仍然希望能够对人类发展进行一个理性的、有着较少性别歧视的论述，我认为，我们至少要对埃里克森使这样一种期待成为一种合理的和可理解的事情给予赞许。

② 参见埃里克森《身份：青年和危机》（1968 年版）。

将男性和女性置于不同的发展命运之中，这种方式清楚地反映了性别歧视或父权制的假设中的男女平等问题。吉利根本人在《不同的声音》中试图强调男女之间的差异，并且更倾向于认为妇女在传统上所做的事情（关心他人和投入自己的人际关系）应当与男性在传统上（来自家庭以外的世界的成就）获得平等的尊重，而不是对女性的多于关怀少于成就而进行批评[①]。我们稍后会回到这个问题上来，它对于更好地理解人类发展所涉及的问题来说是至关重要的。不过，现在让我们来看看我所看到的吉利根在她的书中对埃里克森的最重要的批判是什么。

吉利根指出，即便是接受了男孩和成年男性与女孩和成年女性相比有着不同的发展（不同的阶段和任务）的观点，埃里克森的具体发展阶段方案对男孩或是成年男性也缺少很好的心理学意义。吉利根注意到，埃里克森对年轻人在锻造或形成基本的成人（工作）身份之后就已经准备好发展亲密关系的观点做出了说明，但是埃里克森还指出年轻人在其之前的发展阶段的描述中很少有人可以为他所说的这种亲密关系做好准备。在男性选择亲密关系而非保持孤立之前的五个阶段中，只有一个阶段，即基本信任与不信任的最早阶段与亲密关系的形成有直接关系。存在于亲密关系之前的所有其他阶段都被埃里克森视为用来男孩增加作为一个独立个体的能力或技能的阶段，以便他随后可以依据其所选择的特定工作或特定职业来选择一个身份。根据吉利根的说法，这就使得，

① 参见吉利根的《不同的声音：心理学理论与妇女发展》第六章。

当埃里克森说他（男孩或男人）应当对亲密的关系做好准备时，她就几乎不可能理解以这种方式发展并具有这些目的的男孩或年轻男性是如何对此做好准备的。

我认为吉利根对埃里克森的批评是显而易见的。这表明我们最好不要以埃里克森的片面的方式来看待人类或男孩子发展的早期阶段。如果男孩子的生命周期或女孩子的生命周期都是在心理上的感觉，那么最好更多地强调情感和关系的问题。之后，当我们试图提供关于如何理解人类生命周期的一些新的想法时，将再次讨论这个问题。然而，就目前而言，我只想说，对于埃里克森的这个特殊问题的解决方案，必须从发展的角度来更好地理解和描述成年人的身份选择。一旦我们对此有了一点儿了解，我们就能够更好地对埃里克森所说的早期阶段做出必要的调整。如果关于人类生命周期诸阶段的描述在发展上是现实的，这种调整就是必要的。正如吉利根巧妙地指出的那样，埃里克森的计划实际上确实并非如此。而且，现在应该明确的是，它不仅对男孩，而且对女孩来说也是不现实的。女孩应该选择亲密关系作为她们的身份基础，但是埃里克森所描述的早期阶段强烈地强调了亲密关系，对于女孩而言，这些阶段的美德主要体现在某种特定的自主能力的实现[①]。那么我们如何才能让男性和女性都努力做出更好的尝试呢?

如下是我的建议，或者说是部分建议。吉利根描述了一种女性发展的过程，

① 特别参见吉利根的《不同的声音：心理学理论与妇女发展》。

这种发展过程的要素与传统认知的适合男性发展的不同，在这种发展条件下（受男权主义引导下），女性自我否定的倾向是通过她们主张自我和自身的利益来克服的。但是，尽管吉利根提到，男人应当学会如何更加关心他人，而不是将关心的工作都留给女人，但《不同的声音》这本书却过于强调男女之间的差异，以期制定出一种对于男性和女性，或是在整个人类发展意义上都同样适用的女权主义的伦理学，这显然没有考虑到男性和女性的天性或其自然差异。吉利根使用了南希·乔多罗（Nancy Chodorow）的研究成果，后者把男女之间的差异主要归因于他们所受到的养育方式的差异（或者通常与他们相关的人有关，例如那个养育他们的母亲），并且主张养育孩子的方式将会消除这些差异[①]。在《不同的声音》中，吉利根更感兴趣的是引用乔多罗的观点来展示男人和女人在生活（和道德）上的不同，而不是使用乔多罗的作品来支撑一个伦理的议题以尽量减少或消除那些差异[②]。

但是，即便假设这些差异可能被消除，并且将其视为关于正义、关心或道德的问题——我们也确实应该这样做——但是这与人类发展（心理学意义上的）又有什么关系呢？事实上，其中存在着相当大的关系。女性主义有助于我们在人与人之间生成一幅男女平等的道德图景，但是一旦我们从更为全面的图景出发，就可以用我们的方式更好地理解人类的发展。

---

① 参见南希·乔多罗的《母性的再现：心理分析与性别社会学》（1978 年版）。

② 在这一点上，参见吉利根的《不同的声音：心理学理论与妇女发展》。

女性主义所抱怨的是什么呢？女性被剥夺了那些男性可以视为理所当然的职业机会。女性，甚至是职业女性，她们在家庭中最终比她们的配偶做了更多的家务，更多地照看了孩子。不过，除了以正义或公平的方式来看待这个问题之外，还有另外一种方式来看待人们在事业和家庭生活中所做出的选择。在过去欠发达的时代，男人是家庭的唯一供养者，而女人则在家庭中做了所有或几乎大部分的情感工作。父亲（在家庭生活中）通常是缺席的或（与家庭成员之间）存在心理距离的，这是被接受的。女性在创造性的职业中自我实现中的机会较少，而这些也是可以被接受的。然而女性主义者告诉我们，男性在父权制的环境中错失了一些重要的东西。他们所接受的教育是更多地去关心他们的事业，较少地去关心人与人之间的关系。结果导致他们通常会错过真正的喜悦和亲密的个人（家庭）关系。所以，迄今为止，在女性运动觉醒并取得了实质性但有限的成功（就像在美国西部发生的那样）之后，我们可以看到越来越多的男性更多地参与了他们的家庭生活，越来越多的男性被他们周围的女性视为是感情细腻的，而且他们并没有因此而感到尴尬。当然，更为明显的是，我们看到女性取得了重要的职业成就，或者是说，女性以前所未有的方式获得了创造性的自我实现。如今，甚至还存在着一些“家庭主夫”选择家庭关系而非职业目标，同样也有一些女性认为她们根本没有时间花费在长期密切的人际关系上或作为母亲的身份上，因为她们有着全方位的职业目标和创造性的愿望。

所有这一切都表明了一些重要的事实：如今不像早期的父权制时代，男女在强调事业或创造性的自我实现与良好的亲密或私人关系之间都拥有选择的余地（尽管有时候，如我们所看到的那样，由环境或自己的能力来决定如何选择）。他们可以选择去平衡或“把玩”这些对他们有益的东西，也可以专注于这些选择的一方或另一方，但重要的一点是，男人和女人在原则上都面临着相同的选择（两性都拥有着比在父权制度下更多的选择自由）[①]。我认为，这种选择（不一定要一次完成，在一定程度上可以伴随着成年人的生活而改变）对男女双方来说都可以被视为确定一个人的长期（成人）身份的基础。

我刚才所说的选择是非常重要的。也许，不是每个人必须做出的唯一的抑或最重要的选择。至少从宗教人士的角度来看，宗教意义上的选择或不选择可以说是同等重要的。但是每个正常的个人都必须在工作导向和关系导向之间做出选择，这是事实，并且这与他们对宗教或其他事物的所做出的决定无关。这种选择可能只是人类“发展”的一个方面，（至少从世俗的角度来看）宗教的选择并不是必需的。事实上，我想说的是，从发展的角度来定义个人的身份，就是成年人在职业和关系之间选择处理或分配他们的利益问题。弗洛伊德应该是谈论到或是想到了，一个心理健康的人基本上一定具有爱和工作的能力，尽管我同意弗洛伊德在这里假定这些能力是人类发展的核心，但我想表达的要更

① 在我的著作《完美的不可能：亚里士多德，女性主义和伦理学的复杂性》（2011年版）中，我认为原则上不可能完美或理想地实现创造性（职业价值观）和关系（家庭价值观）。但是在这里我只是需要假设，在现今的社会环境下，大多数人的生活必须做出我所描述的“选择”。接下来，我也会给出一些我之所以认为这些选择对于我们人类来说并不绝对完美（就幸福或福祉而言）的理由。

多一些[①]。我的意思是说，我们可以选择强调一方（职业方面或关系方面）比另一方更重要，或者试图寻求它们之间的平衡——我们选择哪种方式来定义我们的身份，这在一定意义上与我们人类的发展相关，并且是在我们人类的发展过程中产生的[②]。

埃里克森看到了两种不同的构成成人身份的途径：对于男性来说，这个过程先于对亲友之间的亲密关系与非亲密关系或“孤立”之间的选择；对于女性来说，获得可行的成人身份就包含了选择亲密而不是孤立的关系。尽管吉利根对女性主义有着明显的贡献，但是她也同样认为女性的发展遵循着自己的特殊的“关怀”轨道，特别是，女性从纯粹的利己主义的自身关切到一种对他人关切的成长历程，或许可以通过一种拥有健康状态的自信或对每一个人长期的快乐和幸福的关切来加以平衡。但是我认为，在今天，最为充分的女性主义会承认，对创造性 / 职业的自我实现以及对良好而深刻的个人关系的渴望对于男性和女性双方来说都是相关的[③]。这涉及反对父权制或性别歧视主义者把利益品

① 在《童年》这本书中，埃里克森认为这个想法来自弗洛伊德，但他并没有引用弗洛伊德出版的著作中的任何一段话。

② 我认为，并不是每个成年人所具有的显著特征都必须被认为是他们成人身份的一部分。一个美学家的唯美主义可以成为他们成人身份的一部分，如果这是他们在生活中找到的最重要的东西（即使它不是职业的一部分）。但是，一个人非常喜欢歌剧或说唱的事实并不一定是他们成人身份的一部分。我也注意到，我并不认为一个人不能从照顾家庭或抚养他人中获得自我实现。

③ 他们同样重要吗？是否有一些关于女性的东西不可避免地会让她们更倾向于关系，而对于男性而言则一般更倾向于个人的职业 / 创造性成就 / 自我实现呢？我所提供的模型不需要对这些问题给出任何特定的答案。

非常不平等地或不对称地分配给男性和女性的价值观，我建议我们把这种新兴的社会 / 文化理解作为理解人类普遍（对男性和女性都是）有价值的东西，从而理解人类生命周期的基础。理想的情况是，童年（各阶段）所发生的事情，既为我们与他人之间的亲密关系做了准备，也为我们在世界上取得重大的成就做了准备，随着时间的推移，每一个成年人的生活都代表了对这两种准备所做出的选择。在成年时期出现并且贯穿成年时期的，要么是一个强调个人关系而非职业 / 创造性自我实现的个人，要么是强调在关系中的自我实现的个人，要么是在这两个目标之间寻求平衡的个人，而我所强调的是，这个选择在发展的方面构成了个人的成人身份。如果有人最终没有超越自身的利益（比如说一个吸毒或酗酒者，或者更一般的情况，如一个不能维持工作或者维持任何关系的人），那么这可能也是一种失败。这不是埃里克森所说的角色扩散（不具备固定的角色），简单来说，这是身份扩散，我们可以在这里使用负面的术语“扩散”，因为弗洛伊德和其他精神分析学家在关于爱情和工作的观点中，至少在这个范围之内，认为在工作生活中形成亲密关系或完成任何有意义的事情都是人类发展的一种失败。这对最终形成成人身份的理解赋予了男性和女性相同的任务，但是如何完成该任务却具有一定的灵活性。一些对人际关系不太熟悉或不感兴趣，但是在工作上却非常具有创造力的人（在此让人联想到贝多芬的通俗形象），他们成功地形成了一种成人身份。同样的，每个人都喜欢的“典型的意大利母亲”（mama mia），她喜欢拥有密切而多样化的人际关系，并且从来未曾想过家庭以外的职业生涯（她在十七岁时结婚），这也被认为拥有一种真正的成人身份。同样的道理，努力平衡事业与家庭（和 / 或其他个人）关系的女人或男人也被视为具有并保持着成人身份。这里的假设是，所有这三种模式（以及它们之间的社会 / 心理 / 个人的可能性）都代表了真正的解决方案，为我们做好了准备，以解决我们在年轻时设定的发展问题或麻烦，但是我要澄清一下这里所说的一些假设。

首先，假定（摇摆于）职业和家庭（或者工作和生活）的杂耍是令人沮丧的，所以人们不能仅仅认为，在职业和家庭之间任何其他解决方案的选择都完全或从根本上是不存在的且不可接受的。换言之，例如一个女人或男人认为，试图兼顾事业和家庭会在某种程度上限制他们在职业生涯中的发展，因此他们更愿意强调职业（或工作）而不是家庭和关系（ 或生活），并完全接受这种选择所带来的后果。如果说他们会因为做出这样的选择而错过了某些东西，那么应该记住，对于那些在这段日子里忙于职业和家庭 / 人际关系的人来说，道理也是一样的。对于这样的平衡而言，会产生一些令人非常沮丧或不尽如人意的事情（你的孩子将会略微反感你的职业生涯，你的职业生涯可能已经或将会稍微受到孩子们的舞蹈表演或其他任何类型的家庭承诺的影响），但是这并不意味着平衡的生活方式是令人完全“不满意”的（这是我的主要观点）。它既具有吸引力，也具有满足感，也同样有挫折感 / 不满意之处，但是它却是一种成年人的生活方式，因此我认为它在发展方面代表了一种成人身份。同样的道理，以牺牲长期亲密关系或家庭生活为代价来强调事业的选择也是成年人的一种选择。这涉及成人的认同，如果一个人要承担家庭责任和职业承诺，就不能指望自己有一个无拘无束的职业。这种解答并不完美，但这里没有任何东西是完美的（关于“典型的意大利母亲”也是这样）。正如我的观点所言，这是一种解决方案，是真正的（成人）价值观之间的选择，但是不能否认这些价值，或简单地认为这些价值是无法实现的。

其次，假如我们对我之前所描述的身份选择的发展阶段进行回顾，我们就可以看到相关问题和要素已经对此做出了预示或准备。因此，埃里克森将基本信任与不信任的阶段描述为涉及能力问题和最终实现事物的能力以及关系问题的阶段。如果孩子的需求能够得到父母的关注，那么孩子就会倾向于相信世界和自己，并且对他们后来在世界上可能尝试的东西充满信心。他们也会相信和爱他们的父母，并在这个层面上，他们能够开放地面对亲密关系，并能够最终处理 / 实现更普遍的亲密关系。但是，下一个阶段的自主与羞耻以及怀疑也涉及两个问题。埃里克森为这个阶段所起的名字（自主与羞耻）强调了如厕训练所涉及的能力问题，但是埃里克森也谈到了这种训练经常涉及的父母与孩子之间的权力斗争，因此人们可能会在这里补充埃里克森的观点，即：在基本信任与不信任的口头阶段，父母与孩子之间建立的良好的信任关系会在如厕训练当中出现，并在解决时得到加强或减弱的检验。因此，如厕训练不仅仅是为了训练能力，通过父母和孩子之间的处理过程，还对孩子关系价值进行了测试 / 实例化。就后一个方面而言，一个不太令人满意的结果是，这实际上可能使得孩子无法将人际关系作为他们之后生活的核心要素，或者至少使他们更愿意完全地和毫无保留地投身于自己的事业，而不是把自己与他人关系视为满足他们生活的基本条件。

还有人可能会补充说，如何解决如厕训练的问题可能会影响一个人与其兄弟姐妹之间的关系。如果孩子是一个问题儿童，父母可能会不适宜地将他们的思想与他们的兄弟姐妹们进行比较，要知道这可能会影响一个人与其兄弟姐妹之间的关系。一个人与父母和兄弟姐妹之间的关系，换句话说，就是一个人的家庭关系，可以影响其日后亲密关系的模式。所以应该清楚的是，尽管自我实现强调名称，但是自主的阶段与羞耻和怀疑的阶段相对，无论是对于一个人的最终能力而言或欲求在世上成就某事的愿望来说，抑或是在一个人最终渴望人际关系的满足方面，它都代表了一种发展的阶段①。

同样，尽管埃里克森的命名方法也强调了在自主和羞耻 / 怀疑两个阶段下的自主 / 自我实现方面，但这些阶段实际上构成了关于最终自我实现的需求 / 目标和最终关系需求 / 目标的发展问题。总而言之，自主和羞耻的阶段以及勤勉与自卑的阶段引发了关于孩子掌握基本社会技能和认知技能的能力问题，这

① 埃里克森在《童年》一书（第 256 页）中指出，自主性和主动性的问题可能涉及或引起兄弟姐妹之间在获得母亲（也可能是父亲）的偏爱方面的竞争。但是这个问题是以利己主义的方式来界定的，即可能影响或者不会影响成长中的儿童从父母那里得到什么。孩子从与自己的兄弟姐妹之间的良好的关系中有所收获的问题被完全忽略了。顺便说一句，埃里克森在同一页上说，行动的自由（主动而不是内疚）可以带来在使用工具和武器（原文如此）、操纵一些有意义的玩具以及照顾年幼的孩子等方面的令人愉悦的成就。但是，需要强调的是孩子的满足感，而不是与年幼的孩子的关系，或者是这种关系所特有的或理想的涉及到的对孩子的非利己主义的关注。

些技能对于任何职业 / 工作身份都是必要的（就算是贝多芬也必须要与音乐出版商和表演者打交道）。但是，依据埃里克森对他们的处理路径，这两个阶段也代表了人际关系能力或欲求的重要发展阶段。在学校里，我们可能会（也可能不会）学习基本的认知技能以及驾驭社会环境的能力，但强调后一种能力，就淡化了在学校里所允许和鼓励的早期的（同龄人之间的）友谊经历。对技能和能力的强调恰恰忽视、淡化或误解了童年关系的含义，而这两者本身就是有价值的，并且这种价值不仅为我们后来的职业选择做了准备，还为以后选择一个或多个（在离婚和丧偶的可能性情况下）生活伴侣做了准备。

因此在成人身份确立完成之前的阶段里，就已然存在许多素材以帮助我们为后来的亲密关系做好准备，以及帮助我们在强调或忽视这种关系之间做出选择。埃里克森关于这些阶段所使用的术语以及他所构思的整个方式都偏向于传统的和片面的男性职业[①]。不过，各个阶段本身包含了足够的素材——我们感谢埃里克森提供了一些这样的素材——如此，一种具有较弱的性别歧视性的人类发展观就可以利用这些素材来解释如何做好最终身份选择的准备。这种身份选择不需要以性别的角度来看待，而是能够被视为所有人类面临的基本的人类选择。埃里克森和吉利根（在较小的程度上）对生命周期及其各个阶段的处

① 因为埃里克森倾向于认为男性在每个方面的发展都能更直接地作用于工作的目标 / 价值之上，而不是人际关系的目标 / 价值。参见《同一性与生命周期》（1959 年版）。

理方式都区分了男性和女性，并把它们放在不同的轨迹之上。值得注意的是，他们这样做就削弱了作为人类所特有的生命周期和人类所特有的发展的整体观念[①]。让我来解释这一点。

“人类”（human）这个词有时候是以一种有限的方式来使用的，而有时又是以一种广泛的方式来使用的。当罗尔斯提到要提供人类的正义理论时，他把他的正义观与康德的正义观和道德观进行对比，根据这种观点，正义和道德不仅仅对于人类有效，而且还对所有可能的理性存在者都必须有效[②]。因此，在这种语境下，“人类”限制了我们的关注点，但在其他语境下，该术语的使用具有扩大我们的关注焦点和相关讨论的必要效果。如果男性和女性有不同的基本发展路径 / 任务——正如埃里克森所假设的那样，同时也是吉利根永远不会否认的——那么说起人类的生命周期以及人类正常或非正常发展的基本模式就是误导性的，甚至是更糟的。但是，如果我们认为生命周期中的男女双方都有类似的问题（非父权制或女权主义的话），那么我们就可以有意义地、广泛

① 在《动机与人格》（1954 年版）中，马斯洛论述了人类需要的层次结构，并希望把自我实现放在层次结构的顶端。但是许多批评家认为，在把自我实现放在对爱情的需要和对归属的需要上时，马斯洛更偏好西方式的个人主义，而不是像许多其他文化那样更关注人的生活和人的需求。在这个意义上，他对人的需求的描述似乎也更加倾向于传统的男性目标而不是传统的女性目标。马斯洛并没有像埃里克森那样提供人类生活的“发展”图景，但他的理论似乎与埃里克森一样都是存在性别歧视性的。不过，在本书的最后部分，我将积极地运用马斯洛理论中的一些非性别歧视方面的观点，尝试对人类生命和人类生活进行一个非常笼统的总体性描述。

② 参见约翰 · 罗尔斯的《正义论》（1971 年版）。

地谈论人类生命周期和人类发展。所以，这里所提供的图景可能是第一次使得一种真正的人类生命周期概念得以被充分地理解。可以肯定的是，埃里克森在《同一性与生命周期》中提到了“人类生命周期”，但我说的是，他对于女性和男性发展的实际描述有效地削弱了这种生命周期的观念①。

然而，迄今为止，我还没有考虑好到底是什么因素决定了个人（特定身份）的“选择”以及个人的偏爱或偏好。有些人感到面对职业比面对人际关系更为舒适，而另一些人则（预先）具有相反的性格倾向。我们说，他们会想要尽可能地兼顾或平衡它们。但是在有些时候个人的选择更加重要，而有些时候个人选择就没那么重要。如果某人有可怕的外表，那就会使得他的人际关系变得困难；如果某人的智力低下但是却有着充满魅力的外表，那么他们可能更容易拥有朋友和配偶，而不是在某些职业或工作中取得成功或创新。这些因素会成为影响身份选择的原因，而受到影响的人实际上可能并不喜欢甚至憎恨这些因素。

由此就产生了很大的社会问题。父权制社会将强调人际关系的身份指派给女性，而男性则被指派为一种自我实现 / 工作式的身份。在这些善品之间几乎没有平衡的空间，对于任何人来说，无论是男性还是女性，能够逃避身份命运的空间非常狭小，可以说，那是社会指派给他们的。这是否意味着我们所设定

① 参见《同一性与生命周期》。在《童年与社会》中，埃里克森以他的观点描写了“人的成长和危机”的阶段。但是需要再一次强调的是，这种对于男性发展的全面关注以及（后来）假设女性发展的完全不同的表征是错误的。

的人类身份和生命周期的类型不适用于这样的社会呢？毫无疑问，这实际上确证了我们的普遍图景。如果某些社会切断了某些人的可能性，我们可以说这些社会是以一种限制的方式来决定成人身份。不过关于成人身份是什么，我们仍然可以说，是关于个人在何种程度上强调社会关系以及在何种程度上强调创造性成就和工作的问题。因此，我们可以区分父权社会和今天（在西方）的较少有性别歧视的社会，在后者的情况下，成人身份的形成有着更多的自由和个人选择性。所以，即使从女权主义的角度来看，我们仍然可以说，无论是父权制社会还是非父权制社会，个人的身份问题就在于他们如何比较（或平衡）人际关系与职业目标的自我实现。

这就表明，我的理念并不是通过诉说个人的“选择”来强调平衡，也不是通过诉说个人“选择”去有差别地强调关系或自我实现 / 职业。在通常情况下，个人是被个人之间的社会影响、无法回避的事实或因素等侧重所选定的（标记出的或指定的）。因此，尽管我认为生命周期的描述并不否认个人的现实或个性，但我同时也并不假定个人可以完全掌控他们的生活或他们的成人身份[①]。主要观点始终是，成人身份（形成）的概念主要取决于如何平衡或强调关系的价值和自我实现或职业的价值，从而避免埃里克森观点中的性别歧视性以及吉

① 为了简化问题，我略去了埃里克森关于生命周期后期阶段的发展观点。有关这些观点的具体讨论，请参阅我的《从启蒙到接受性：对我们价值观的重新思考》（2013 年版）。

利根激进观点中的不完整性，同时能够最终允许我们将生命周期视为一种特殊的人类现象[①]。

① 关于埃里克森，值得一提的是，他是第一位在生命周期中强调身份形成及其问题/挑战的人。我相信“身份危机”一词是他发明的。所以，我们应当把这其中的很大贡献归功于埃里克森，但我认为我们需要以一种消除性别局限性的方式来构思埃里克森，包括他的所有见解和观察，这种必要性是埃里克森没有真正意识到的。

第三章　描绘人类生活

摘要：关注近年来的心理学利己主义和利他主义的讨论有助于我们了解人类生活的总体图景。尽管大多数的人类动机既不是利己主义的也不是利他主义的，然而即便是非利他主义者，大多数的人类动机仍然会将他人或者外在的事物视为一种内在重要的东西。对他人给予尊敬和爱的欲求，与他人接近的欲求，对掌握能力和征服的欲求，好奇心或者求知欲，甚至是对他人的恶意和施虐等都表明了存在这种可能性，并且可以视之为一种介于利己主义和利他主义之间的“中性的”动机。这种中性的动机弥漫在人类生活之中，并且从根本上将那些外在于我们的生活的事物带入我们的生活之中。这种进程我称之为“广泛包容性”。这种最为普遍的人类生活所具有的特征不但避免了弗洛伊德、霍布斯以及其他一些人的悲观主义，也同时避免了如关怀伦理学者那样对于人类生命和动机的过于乐观的思想传统。

关键词：利他主义；利己主义；中性动机；“广泛包容性”（expansive encompassing）；悲观主义；乐观主义；弗洛伊德；霍布斯；诺丁斯；能力；好奇；恶意；精神病；休谟；索伯（Sober）；威尔逊；斯多亚主义

我将从讨论人类基本动机的“多样性”出发来开启这本书的最后一章，我相信，作为概念术语的“多样性”已然被哲学家或者社会学家们完全忽略了。我们应当会看到，在关于人类生活或者人类生命的总体情形上，多样性能够告诉我们一些十分重要的东西。并且，多样性会转化为一种非常重要的共同特征，使得我们能够以一种一元化或者统一化的方式来表征我们的生活，这种方式与以前企图去说明什么是对人的生命最为基本和关键的方式（比如，萨特的“人是无用的激情”）有所区别。然后，对于我们最后将要讨论的问题，我将把之前在本书第二章已然得出的结论带进来。我要向你们展示，已然论述过的成人身份的形成是如何能够有助于完成人类生命和人类生活图景的，这将成为我在本书的最后这一章试图去发展和辩护的内容。但是首先还是多样性的问题。

为了看到我们动机的多样性，我们需要首先聚焦于心理学上的利己主义问题。近些年来，大量的讨论集中于如下问题：人的行为是否总是依据于利己的方式，还是人的行为能够并且总是经常依据于利他主义（由巴特勒主教所提出的命题），在关于这个主题的整个历史中，都不曾有过与这种质疑一样具有同级别挑战性的话题。我希望针对这些质疑做出一些说明——尽管没有像我在其他地方说的那么多——因为我认为他们的主要问题是概念性的错误[①]。

挑战并不像想法（有时偶然会从学生们那里听到）那样简单。例如，关于他人的福利问题，人们总是试图去满足其自身的欲求，因此人们的行为总是以他们自我为中心，这是利己主义的；相反，大多数人最为感兴趣的或者说愿意去设想的，并且常常通过引用实证研究来辩护的却导向了如下观点：人是有移情能力的，并且这种移情是人类利他主义行为背后的源泉和支撑力量。这种设想的反对者们通常声称，当移情引导我们去做出对他人有益的行为时，我们仅仅是因为要避免那些因为我们拒绝帮助别人而产生的内疚感。他们据此得出结论，我们的动机是利己主义的而不是利他主义的。但是，即便这种观点并不像上面所提到的那种论点那么简单，它至少存在一种哲学家们早已意识到了的概念性混乱。除非我们的私利激励了我们，否则我们就不会感到内疚——比如是一种承诺或者帮助别人的欲求，或是一种做某事的责任感。我在别处用很长的篇幅讨论过这个问题，我希望我已经说了足够多以帮助你们理解或接受它，因为上述论点假设了心理利己主义为假而不是支持其为真。

然而，那些批评移情会导致利他主义并质疑人类利他主义存在的假设的

① 在埃利奥特·索伯（Elliott Sober）和大卫·斯隆·威尔逊（David Sloan Wilson）的《致他人：无私行为的进化和心理学》（2003年版）中总结并讨论了最近所面临的挑战；C.D. 巴特森（C.D.Batson）的《人类的利他主义》（2011年版）进行了总结和讨论。我将最近一些利己主义辩护的不连贯或混乱的更广泛的论点写进了我的《一种情感主义的心智理论》（2014年版）中。

人们，用了许多其他的论据来支持他们的观点，这值得引起我们更加广泛的注意[①]。更详细地说，他们表示，那些能够产生移情并采取行动去帮助他人的人可能只是想要避免如果他们不采取行动时可能会遇到的不满。此外，他们还

① 我所讲的意思是，仿佛移情和利他主义之间的联系是一种经验性的，但我认为我们在这里必须谨慎对待。研究镜像神经元的人告诉我们，对某人的痛苦的移情很大程度上依据于他们在感受到身体的痛苦时在情绪上产生的困扰。但正如我们可以通过移情接受特定族群一样，当我们对某人的痛苦采取移情的态度时，我们就会对某种特定的痛苦感到痛苦，并让我们立即（并非别有用心的）对他人的痛苦感到痛苦，根据定义，这是对他们所处困境的一种同情性的感受。他们因痛苦而痛苦的痛苦，可以激励那个（第一个）感受到痛苦的人去摆脱他或她的痛苦。为什么我们对他们感受到不同的痛苦呢？感受到其自身的（概念上的）本质是能够激励我们的，所以如果一个感觉疼痛的人对他的痛苦产生了负面的感觉，他或她会减轻它的痛苦，那么类似地，以及在同一概念基础上，我们对别人的痛苦所产生的同情的消极情绪也是如此。因此，出于概念上的原因，移情性地接受他人的痛苦可能会构成或提供给我们去减轻这些痛苦的方式。但我们可能不会因这种动机而采取行动：这大概是一个经验问题，取决于其他动机在起作用。但动机本身就是利他动机，许多讨论过利他行为是否可行的人忽略了这种概念论证的可能性。特别是巴特森，他认为同情心 / 移情关怀和利他动机之间的联系是一个经验假设问题，他称之为“移情利他假设”，我认为这个假设可能是错误的。如果交感情绪除了其现象学外还具有动机 / 倾向维度，那么同情情绪本身可以算作或包含利他动机。南希・艾森伯格的《移情与同情》（M. 李维斯和 J.M. 哈维兰德・琼斯合编，《情感手册》第 2 期，2000 年版，第 677 页），简单地断言同情涉及利他情感；但如果刚才巴特森给出的论点是正确的，那么她所断言的是正确的，而巴特森因为拒绝做出同样的主张而处于不稳定的概念上。但后来我不得不承认自己也要接受类似的指责。巴特森将共情关注看作只与动机相关的经验，但在《从启蒙到接受性》（2013 年版，第 115 页）中，我声称感受到某人痛苦的那种联想共鸣有助于创造无私的动机，我隐隐认为这里的联系是一个经验的联系。基于刚刚提到的所有原因，现在我认为这种假设不稳固。如果某人在感情上感受到另一种痛苦，似乎已经可以算作利他动机，而不是仅仅与这种动机偶然相关的事情。（译者注：斯洛特在其他的书中犯了同样的错误，他以前仅仅认为移情创造了利他主义，二者是有联系的，但是并没有把二者真正地完全结合在一起，并不是用阴阳结合的观点。）

认为，避免别人的不满或不赞成的欲求是一种明显的利己性动机（甚至一些心理学上的利他主义的捍卫者最后也做出了这样的假设）。但是，进一步地否认或怀疑人类利他主义的这种论点，其本身就是不清晰的，并且在概念上是错误的或混淆的，这就是我们为什么有必要在本章中进行简要的解释。这种解释可以从埃利奥特·索伯和大卫·斯隆·威尔逊所说的关于获得赞许的欲求和被他人喜欢的欲求中得到帮助。

有时我们希望被他人喜欢，因为我们想从他们那里获得一些物质性价值，例如金钱或性爱。然而，在另外一些时候，我们频繁地想要得到他人的认可，被人喜欢，但是并没有任何不可告人的动机。被认可或被喜欢是我们人类倾向于是“为了自己”而想要的东西。与那些将利己主义因素引入移情当中，从而认为移情是渴望被人接受或被人喜欢的人不同，索伯和威尔逊认为这种欲求过于具有关联性，因而无法视其为真正的利己主义。如果他们对此的看法是正确的，那么就无法证明，帮助他人的人如果寻求他人的欢迎或认可就是利己主义的。因此，心理利己主义的一般情况也相应地削弱了。但正如我们下面将要看到的，索伯和威尔逊用以确定一种欲求或动机是否是利己主义的标准并不像人们所想象的那样具有解释力或哲学上的说服力。为什么与他人有关联的欲求也不应是利己主义的呢？对于名声的欲求就与这种情形相关，但是许多哲学家——例如约翰·德里斯（John Doris）和 史蒂芬·斯蒂奇（Stephen Stich）——他们都认为这种欲求是纯粹利己主义的，至少在最初的时候，他们对这种错误的认识并不是很清楚明了。

所以我认为，我们看待这个问题时应当尝试着比威尔逊和索伯稍稍深入一些。他们的讨论大有裨益，因为他们提出了关于人类利己主义问题的论点，而该论点正是基于我们渴望被人喜欢或被接纳的欲求。不过我认为，之所以要提出这些问题，应该有更深层次的原因，我将在下文中对此做出解释。当不是基于物质利益或生理欲望时，被喜欢和被认可的欲求都不是利己主义的，类似的欲求实际上在人类的生活中随处可见。此外，关于刚刚他们所说过的话题，可以说是更加强调对爱的相关欲求（即被爱）。这种欲求在好的环境下会导向利他性动机，但在某些情况下，比如当一个孩子受到虐待或伤害，阻挠和侵犯孩子对爱的不变的欲求 / 需要可能会产生负面结果，并导致更深层次的报复性愤怒甚至是对一般人的仇恨。对于报复的非利己主义特性，可以帮助我们理解为什么渴望被爱或被认可也不是利己主义的。

大约三百年前，约瑟夫 · 巴特勒在罗斯教堂布道时，曾详细地批判了霍布斯关于心理利己主义的辩护，同时也批判了他否认普遍的人类经常性行为是无私的假设。我认为巴特勒反对利己主义的观点在很大程度上恰恰是基于恶意和报复的例子，因为他所例举的动机似乎和我们通常认为的利他主义动机相距甚远。简单来说，巴特勒关于恶意和报复的观点就是，他认为这些动机是为了自己的利益而寻求他人的不快乐、毁灭或者死亡，并且往往是以牺牲行为者自身的福利或幸福为代价的（他们经常会导致“损人不利己”）。因此，在直觉上，似乎没有任何关于恶意和报复的利己主义，而且，正如巴特勒所认为的那样，适用于这里的情况也同样适用于帮助他人的欲求。

然而，无论是恶意、报复这样的负面的消极欲求，还是对爱情、认同或被人喜欢的正面的积极欲求，都存在我们尚未提及的基本的共同点，并且这种共同点将以一种比索伯和威尔逊的关系标准更加直观、更加具有说服力的方式来帮助我们反对普遍的心理利己主义。这一共同点就在于，所有这些欲求或动机，对于我们来说，都是将他人视为极为重要的。而且，需要再次说明的是，这些欲求在我看来是人类生活中的基本的和普遍的东西，并且完全也没有必要是别有用心的。当然，也有些人希望别人喜欢自己，是因为他认为如果这样的话就可能更轻易地卖出一辆车。但是正如我们哲学家所说的那样，我们人类通常情况下或更典型地只是想纯粹地被人喜欢——仅此而已。我们对其他人可能不喜欢我们的预设或想法感到不舒服，因为我们压根儿就不想被这样对待。因此，我想说的是，渴望被喜欢、被爱或被认可（或由此而被尊重）是我的内在欲求，这涉及一点，即将他人视为对自己是极为重要的（对我而言），而我把他人视为内在的重要的人，这并不存在任何的利己主义特质，甚至于与利己主义相去甚远。（当然，同样的道理也适用于爱别人，也适用于利他式的帮助他人的愿望。）利己主义就是利用他人来达到利己的个人目的，比如金钱或身体欲望。但是，被喜欢等这类的内在欲求并不是这样的。事实上，把这种欲求视为利己主义，这在直觉上也是不成立的。（可以肯定的是，一个人会因为被人喜欢而感到满足，但正如巴特勒所告诉我们的那样，事实上成功的仁慈行为对于付出仁慈的人来说可能就是令人满意的，甚至是令人愉快的，但这并不能说明仁慈的主要目的就在于它最终可能带来的些许快乐。同样的，我们没有理由认为诸如被喜欢等欲求与此有什么不同[①]。）

此外，关注什么是人们所认为的内在重要的东西有助于我们解释为什么关于名望的欲求不是利己主义的。令人满意的是，对索伯和威尔逊有吸引力的这种欲求的相互关系并没有真正地被认可。对名望有内在欲求的人，与那些希望得到别人的认可、爱或尊重的人一样，都把别人看得十分重要。事实上，在大多数情况下，对名望的欲求只不过是对相对来说更加广泛的人类的尊重的欲求，那些想成名的人通常不想声名狼藉或被大家鄙视。这使得我们更容易理解，为什么对于名望的欲求不是利己主义的。因此，我们这里有一个非利己主义的标准（也就是说，一个人的动机是把其内在的重要性放置在其他人的身上），它要比索伯和威尔逊展示给我们的东西更深一层。实际上我们接下来将会看到，我们的非利己主义的直觉标准是如何引导我们去批评一些尚未提及的、在索伯和威尔逊看来仍然是具有利己主义特征的欲求。

无论如何，我们现在都可以看到，一个利己主义者，实际上指的就是那些不把别人当作（对他来说）是其内在重要的，而只是将他人用于其自身的目的的人。如果这是真的，那么恶意和报复的欲求为什么不能算作利己主义的原因，就是巴特勒从来没有提到过的了。拥有这些非常消极的欲求就意味着要将某些特定的人视为是内在重要的；如果一个人真的是利己主义者，那么这个人就不

---

① 译者注：仁慈是利他主义的，但是这些欲求则不是，区别在于这些欲求不需要像仁慈一样帮助他人，而其相同之处在于成功后所获得的快乐不是其行为的首要目的。

会想要去对那些给他造成不幸或伤害的人表现出任何的重视[①]。相反，一个利己主义者只会去寻求自己的幸福，为自己寻找好的东西。那么，导致他费尽心思地去伤害一个伤害过他的人的唯一理由，就是他能够从当中获取到快乐，抑或各种各样的特别的好处。将某人的毁灭作为行为的最终目的，尽管这样会伤害到自己却仍然坚持去做，而不是简单地将其作为获得某种拥有独立价值的美好事物的手段，这显然是将另一个人的命运视为具有内在的重要性，然而这已经不再是一种利己主义了，并且，这种情况也并没有比那些本质上想要别人喜欢自己、认可自己或发展自己更像是利己主义。事实上，我们有充分的理由认为利他主义的动机，如仁慈和同情等，以及非利他的动机，如被人喜欢或认可的欲求、恶意和报复等惩罚性的欲求，这些从根本上而言都是非利己主义的[②]。

更重要的是，为了达到我们讨论的目的，我们刚刚用一种在以往的哲学和心理学文献中从未提到的方式扩大了非利己主义动机和非利他主义动机的领域或范围——我们可以称之为“中性”动机。为了更好地掌握这里所涉及的内容，以及更好地理解人类生活的重要性，我认为我们现在应该思考一下心理学

① 更明确地伤害别人的内在欲望，包括把别人当作对自己重要的东西，而不是重视或尊重别人。康德认为，道德包括承认他人的价值，并在自己的行为中尊重他人。但是，把它视为重要的人物似乎是一个更广泛的、道德负担更少或更坚定的概念，而这正是我认为它适合于理解人类生活中那些道德中立或违背道德的方面的原因。

② 对他人嗤之以鼻的欲求也是把其他人视为重要的，如果引起行为者自身的注意，这个事实可能会让行为者十分尴尬。这样的动机并不是特别消极，但是，鉴于我们上面的说法，它肯定不是利己主义的。

家 A.H. 马斯洛的工作。

马斯洛在他最著名的著作《动机与人格》中，以及在其之前和之后出版的其他各种作品中，都发展了一种人类心理学的“等级需求”观，该观点占据了行为主义与弗洛伊德主义之间的空间，并且主导了他的心理学[①]。与这两种主义不同的是，马斯洛认为某些需求，比如对爱或尊重的需求，是人类心理学的基础：他认为这些需求不可能降低为更根本的动力或是本能。不过，他的观点当中最具特色的在于它的等级特征。对马斯洛而言，人类满足某一特定基本需求的努力取决于我们在等级制度中的更低层次上的需求的事先满足。例如，除非我们的安全需求得到满足，否则我们不会寻求爱或尊重。马斯洛还声称，自我实现是等级体系中的最高需求，在其他更基本或更低层次的需求都已经（大部分）得到满足之前，人们是不会想要或努力去满足最高需求的。

现在我可以详细地去了解这个理论的性质和结构，但是我并不打算这样做。尽管关于自我实现的所有论题都已然被写过，但是我发现这个概念着实难以被确定或利用，而马斯洛关于需求层次结构的想法也受到了他的追随者们和其他人的多次批判。毕竟，一位在阁楼里忍饥挨饿的诗人仍然会渴望那种被人们称之为自我实现的东西,即便他目前还没有满足他的安全或基本的身体需要。而马斯洛本人在之后的几年里在这方面以及相关问题上做出了明确的让步，因

① 马斯洛《动机与人格》（1954 年版）。

此也很难看出他关于需求等级的想法具有时代性或合理性[①]。

在马斯洛理论当中，在我看来永久有效或有力的观点是，一些特定的本能或需求是基本的，既不能用“身体需要”来解释，也不能从典型的行为理论所设想的原始驱动机制中推衍出来。大多数理论家认为这种身体组织的需求或驱动机制比所谓的更高文化或自我表达的需求更为基本，并且，行为主义心理学家们经常试图利用前者严格的科学分类下的心理学定律 / 机制来解释后者的出现。（这种把事物置于中性地位的方式，是关于更高级的欲求是否最终会成为与他们的心理来源有关的“功能自主”）。马斯洛蓄意反对这种观点，声称需求、直觉一直存在，并且有其独立的基础和地位。

但请注意一件事。后面的这一说法并不意味着关于尊重或者爱的欲求 / 需要是非利己主义的。如果我们假设这些需求源于并且始终依赖于较低级的驱动力或需求，那么，显然我们要将它们视为是利己主义的。但是，即使我们没有做出这样的假设，我们仍然可以把更高级的需求视为是利己主义的，因为我们可能仅仅把它们看作利己主义动机的更高级的独立形式：独立于较低级的驱动力，但是与后者一样都是利己主义的。马斯洛从来没有说过任何与他关于更高级需求的观点相矛盾的话。换句话说，就马斯洛所说的一切而言，对爱或对尊重等需要都可能是利己的。马斯洛倾向于以二元论的方式给动机做出利己主义

① 关于一个人在他的“较低”需求得不到满足的情况下，也可以有深层次的文化需求的观点，详见安德鲁·内尔的《马斯洛的动机理论：一种批判》一文，出版于《人本主义心理学杂志》（1991 年版）。

和利他主义的假设，这看起来似乎都忽略了他在等级结构中提到的一些必要的动机[①]。事实上，对爱的需要，对尊重的需要，以及（另一个马斯洛提到的）对归属的需要，都是以自我实现的需要为前提的。（尽管）这种自我实现的需要（我稍后将会指出）可能会被（错误地）视为（最高形式的）利己主义，这表明马斯洛没有看到我们在本章前面所主张的观点：对爱、尊重以及归属的需要/欲求是将其他人视为非常重要的，而这种视他人为内在重要的态度不可能是利己主义的。

所以我建议我们需要比马斯洛的理论走得更远些，把他在等级制度中的一些基本需求视为是非利己主义的，并且是“中立”于利己主义和利他主义的（而且在等级制的方式里，彼此之间是相互独立的）。正如马斯洛所说的，对爱的需求（或被人喜欢）、对非个体性团体归属的需求、对尊重或认可的需求，都可以用较低层次的需求来解释，而马斯洛则是第一个（在出版文献中）表达出这种主张的心理学家，这是值得称赞的。（但是，鉴于本章前面所提到的，我们应该超越马斯洛，进而指出这些需求或本能是中性的而不是利己主义的，并且正如我们将在下文中所看到的那样，后一种主张对于我们理解人类生活和人类生命的性质具有非常重要的意义。一旦我们理解了这些意义（马斯洛）上的

① 见马斯洛的《人性本质上是自私吗？》［出自 E. 霍夫曼主编的《未来展望：亚伯拉罕·马斯洛未发表的论文》（1996 年版）］。马斯洛认为自私和无私的动机是对立的，没有提及两者关系之间的任何事。他似乎并没有意识到爱的欲望有这种非利己主义的特征，他自己也是第一个引起心理学家注意的人。

需求，或者说这些（我们能称之为）基本的中性欲求，我们就可以发现其他的一些马斯洛没有注意到的人类需求或欲求也是中性的。而且我们也会看到，索伯和威尔逊用以区分利己主义和非利己主义的关系标准[①] 的一些欲求实际上并不是利己主义的，而是中性的。事实上，后一种归类比任何人所设想的都要更为广泛和多样化，我们将会看到这种归类是如何影响我们对人类生活基本情况的理解的。

但是首先我想对马斯洛所提到的一些具体的欲求做更多的讨论。有一些我们论及或者提出的疑问是马斯洛所没有考虑过的，而它们的意义可能比马斯洛所认为的更加重要。（如果我们不将它们逐层划归为自我实现，那实际上可能会赋予它们更大的意义。）

例如，我们可能会问，成年或童年时期希望被同龄人喜欢的欲求是如何与马斯洛所认为的对爱的本能、基本欲求或需要产生关系的。我们被人喜欢的欲求是源于对（早期的）父母的爱的强烈需求，还是说这种欲求的地位和存在本来就是独立的？马斯洛没有真正回答这个问题，但我认为这是一个需要进一步考虑和实证研究的有趣问题。然而，我不会在这里去尝试着那样做，我认为我们只是需要不置可否地将一个独立的被喜欢的欲求归结到已经包含了对爱的需要 / 欲求的（基本的）中性动机的清单中。（此外，我也不会考虑友谊或浪漫

① 译者注：索伯和威尔逊认为，如果与他人相关，就不是利己主义，但是如果与他物相关，那就是利己主义；而斯洛特认为，与他物相关的欲求也不一定是利己主义的，比如“我想了解月亮是什么”。

爱情的需要 / 欲求与其他各种需求或动机之间的关系。）

接下来还有归属的需要，关于这一点，我们可以或者说我认为我们应该比马斯洛或其他持有马斯洛观点的人要讨论得更多一些。人类对归属的基本欲求涉及两个要素，这需要比马斯洛等人之前所做的区分更加明确。我们渴望归属于一个更大的群体或社区，是有着甚至是伴随着一种归属于什么或不归属于什么的感觉并由其来引导的，而这两种心理因素是如何共同起作用的，我们对此至少应该加以简要的阐述和说明。我应当指出，社区的概念与我们对归属相关概念的感觉实际上比“社区”通常所暗示的术语更加广泛。如果一个人住在小镇上，那么处于当地高中后面的、穿过城镇中心流淌着的那条河流就会被认为是属于那个小镇的。如果州政府决定，允许开发商在镇上的某一点堵塞河流以建立一个水库，但该举措可能会导致河流干涸并且在某一节点之后就不再流动，那么该镇的居民就会提出抗议。抗议活动将准确地表达出他们的感受，那就是，河流是属于他们所在的地方的。如果这个项目在所有的抗议活动中持续进行，那么这个城镇的居民就会陷入无比的失落当中，这就好比是如果一位在位了很长时间的市长突然死于心脏病，镇里的居民也会感到失落一样。市长和河流都属于这个城市，而且河流是一种存在的实物，如果我们说它包含于或属于当地社区，那么“社区”这个词就会延伸开来。一个社区听起来应该是一群人组成的群体，从这个意义上说，河流本来并不是一个社区的一部分；但是一个城镇既包括了人也包括了地理事物，所以如果我们说河流是属于镇上的，或者说是属于镇上的居民和镇上的杂货店的等等，那就并没有延伸我们的使用范围[①]。

此外，我们的归属感还扩展到了更广泛的领域，在那里，社区的概念似乎完全不适用。在我们的近代史上，有人建议用核武器炸毁月球来帮助我们解决地球上的一些环境问题。但想想，如果月球消失，我们就会感觉到多么的茫然和失落。月球不是人类社会的一部分，但我们可以肯定地说，它是人类更广阔范围的栖息地的一部分，并且属于人类的栖息地（“生态系统”和“环境”这两个术语对阐明这一点没有多大帮助）。因此，我们不仅想要属于更大的社区、更大的栖息地，而且还要拒绝失去与我们一起存在于该社区或栖息地中的归属物。当然，虽然关于归属的渴望常常将人们聚集在一起形成群体，但它也通常能够将一个群体与另一个群体分开。但是无论如何，在这一点上应该清楚认知的是，在上述定义中，归属和维护属于我们的东西的欲求是中性的，并且在个人生活和整个儿（集体）人类生活中产生了广泛而深刻的影响。

现在让我更多地探讨一下对他人尊重的中性欲求：不仅仅因为这种欲求本身是重要的，还因为我们对此所做出的评价会引导我们走向更深层次的中性动机领域或维度。因为我们在生活中做了很多事情以赢得别人的尊重、赞扬和认可（尽管我不再试图进一步区分这三个概念）。正如我上面所指出的，其中一些至少部分的是出于其他动机：我们寻求父母的认可和他们（更多）的尊重，

① 关于某些非生物事物与我们同在的观点见马丁·海德格尔的《建筑·居住·思想》，载《基础写作》（1993 年版）。

至少部分或有时是因为我们希望他们爱我们（更多）。但是，对尊重的欲求并不总是或并不主要是对我们所爱的人的尊重的欲求；我们更希望得到学校、社区或专业人士的尊重或认可。

然而，我们现在必须要对马斯洛的观点提出异议，即尊重是一种基本需要或欲求客体，这样的观点似乎将对尊重的欲求视为与我们生活世界中的自尊和纯粹的能力或掌控力无关。难道不是因为我们想要好好地思考自己，并且把别人的尊重看作自尊的一种手段，才想去寻求别人的尊敬吗？难道我们不是对理所应当地受到别人的尊重而不是单纯地赢得（可能不是由于我们自己的功绩）这种尊重更感兴趣吗？

这些都是很好的问题，我不知道是否有人知道答案。但它们仍然使我们意识到这种可能性，即这些欲求 / 需要都提到了对受到他人尊重的渴望、对自尊的渴望以及对能力或掌控能力的渴望，这可能对我们的心理学来说是基础性的。是的，也许我们除了渴望别人的尊重之外，还渴望自尊；但是我们可能不希望别人的尊重独立于我们对自己的看法。毕竟，别人的尊重，对于那些尽管受到尊重还仍然坚持严肃地思考自己的人而言只是一种安慰。而且，是的，也许我们想拥有以及掌控能力，不仅仅是因为掌控能力能够产生的那种自尊或者他人的尊重。但是，难道我们不会、不想要我们的能力和掌控力与别人所说或所想的相关吗，而不仅仅是为了自身的缘故？如果当我们掌控了一些工作或技能时，我们会对自己有更好的看法，这是否意味着我们寻求这种掌控只是为了更好地反思自己？可以说并不是。因此，我认为我们没有理由把对他人的尊重的欲求视为人类心理或人类生活的基础，因为我们也想要好好地思考自己，并且能够胜任或掌控我们周围世界的各个方面的技能[①]。

但是，我认为，这允许，甚至是强制我们扩大了中性动机的领域，正如我们已经看到的，这在我们的生活中已然如此。（请记住，在我所说的意义中，恶意和报复是中性的，即使它们在某些普遍的本质意义上显然是负面的。）因为我认为，我们对能力或掌握能力的欲求是中性的，但乍一看，这可能并不明显。为了展示为什么我认为这种欲求是中性的（我不会严格区分掌控和能力），我认为我必须引入另一个更容易被视为中性的欲求：好奇。所以我建议讨论一下好奇，以及我们为什么认为好奇既不是利己主义也不是利他主义的动机。然后，通过对好奇和能力这两种欲求进行类比，可以表明为什么我认为后一种欲求或需要也是中性的。

好奇明显与许多动物的"探索性行为"相关，而且由于探索行为有助于动物寻求食物、伴侣或者更好地生存，一些心理学家认为，他们可以用这种基本的利己主义来解释或者尝试着解释好奇。但是对于这种关于好奇的观点有很多不同的反对者，其中包括一些 20 世纪最著名的心理学理论家，例如威廉·麦

① 在他早期的作品中，马斯洛专注于对他人尊重的渴望，而忽略了对自尊的渴望或需要，因为他认为自尊是建立在个人能力的基础上的。在《马斯洛修正版》（载《人本主义心理学杂志》1998 年第 38 期）中，约翰·罗曼（John Rowan）批评了马斯洛的这一疏忽，但在后来的工作中，马斯洛似乎愿意承认有必要在此基础上或通过各种能力 / 掌握的成就获得自尊的需要。

克杜格尔和 R. W. 怀特等[①]。这些心理学家从各个方面认为，好奇远远不是从“（身体的）组织需要”中衍生出来的，也不可以简化为“首要动物驱动力”，好奇有它自己的地位和能量，是一种独立的、在某种意义上是基本的需要或本能。当然，除了心理学家以外，哲学家和文学家们也有很多对好奇的赞美。在我看来，这种赞美表达了一种隐含的观念：好奇不仅仅是满足其他那些不那么高尚的或缺乏吸引力的、纯粹的“动物”需求的一种方式。亚里士多德在《形而上学》的开篇就说道“求知是人类的本性（有谁比亚里士多德更好奇？）”；同样基本的观念也出现在西塞罗、埃德蒙·伯克和其他许多人那里。

现在我仍然不确定人类的好奇是否仅仅是一种低层次的需求，虽然我倾向于认为它不是。但不管我的想法是否正确，好奇的概念问题是可以独立于经验问题之外来解决的。巴特勒反对心理利己主义的论点，成为反对利己主义的某些主要概念或哲学论证的论据，并且，巴特勒的论点绝对排除了这样一种可能性，即尽管有理由把仁慈等视为利他主义的动机，但是仍然可能会存在经验上的原因认为仁慈等永远不是利他主义的。例如，就像行为主义者所做的那样，如果利他主义在心理上需要来自满足其他更基本的和利己的需要（例如满足充

---

① 参见麦克杜格尔（W. McDougall）的《心理学概要》（1924年版）和怀特（R. W. White）的《重思的动机：能力概念》（载《心理学评论》1959年第66期）。事实上，怀特把好奇心和对能力的需求看作是基础性的。在《好奇心和探索性行为》中，哈里·福勒（Harry Fowler）讨论了关于好奇心的还原论和反还原论的心理解释。最后，也许还值得一提的是，在马斯洛最初提出人类需求层次结构思想的文章中，他曾试探性地将好奇心假定为人类的基本需求或本能。参见马斯洛的《人类动机理论》（载《心理学评论》1943年第50期）。

饥的需要）的持续支持，那么人类利他主义就会变成在功能上依赖于对利己的本能或需要的满足，并且可能会发现，真正的利他主义的、不以别有用心或个人利益支持的仁慈，只是一种错觉。但这并不意味着我们必须把仁慈视为基本上是利己主义的；它只意味着，它最初被认为是利他主义的意义并非如此——如果这种想法从我们有时在某个特定时刻认为给定个体的动机（甚至是回顾自己的动机）的方式来看是熟悉的，那么我认为哲学的原理就没有理由说它不能推广到所有假想的人类利他主义。（在这种情况下，我们可能会说，人类的仁慈最终变成了利己主义，或者说，尽管表面上我们通常认为自己的动机是仁慈的，但实际上人类的仁慈也许并不存在。）①

关于好奇（或好奇心），我也想说一些类似的观点。也许某人可以从所谓的更基本和更自我的驱动或需求中有经验地得出人类好奇心的来源，但正如我所说的，我仍然有我自己的疑惑。但是，不论好奇心被经验证明是什么，有一些概念问题终归是需要被厘清的，其中之一便是，我们是否应当从独立于心理学基础之外的领域来思考好奇（或好奇心）是利己主义的②。我们应该把好奇心（或好奇）看成利己主义的：除了我们可能提供的用于这样一个结论的任何还原性的经验 / 心理的论点之外，我们是否有理由将对新事物 / 事实的无私欲求（或者纯粹希望接触和体验一个人以前从未经历过的东西，这是一件稍微不

① 我在 1964 年的《心理学利己主义的经验基础》中更详细地阐述了其中的观点。

② 译者注：斯洛特认为在哲学的逻辑上，利己主义强调除了自我以外没有任何其他事物是重要的，所以在逻辑上，好奇或者仁慈将他者视为重要，因此这并不符合利己主义的逻辑诉求，因此不是利己性的。

同的事情，但我不打算把它作为一件单独的事情来讨论）理解为利己主义？在这里，尽管索伯和威尔逊所说的意味着我们应该把好奇心概念化为利己主义（他们从不直接谈论好奇心），事实上我认为答案定然是消极的。所以，我将进一步做出解释，为什么我相信这一切都是如此，以及为什么根据我的解释，我认为索伯和威尔逊对好奇心的含蓄观点（以及他们对能力或掌控能力的明确观点）从本质上是错误的。

首先，考虑一下好奇是如何表现出来的。如果有人对古代巴比伦王国的历史感到好奇，从表面上看来，在他们努力地寻找关于这个问题更多背后的故事时，不必有任何其他的用心。他们不需要通过任何关于巴比伦历史问题的考试，也不需要以他们对巴比伦的知识给任何其他人留下深刻的印象。在这种情况下，我们说他们的好奇是无私的，它已经暗示或似乎意味着它不是有私心的、利己主义的或自私的。这已然是一种反对将好奇视为与利己主义动机概念性相关的概念性论证，并且实际上，是赞成将其视为非利己主义的，即便与此同时它也是非利他主义的。但是，接下来要考虑的是，好奇与其他那些我们所澄清的既不是利己主义也不是利他主义的中性的动机 / 欲求有什么区别。这些动机包括某人重视他人（或者更一般的动物），而好奇心则根本不需要涉及人（尽管它显然可以）。这种区别是否给予我们一个论点，让我们认为好奇（或好奇心）是利己主义的而不是中性的？

当然，这看起来似乎确实如此，但我实际上认为这样想是错误的，因为即使好奇心并不涉及将重点放在其他人身上，例如恶意和对爱或归属的渴望，它与后者的欲求有着很大程度上的共同之处。我认为，这种共同的因素给予我们充分的理由，让我们认为好奇确实是非利己主义的和中性的。好奇可能并不重视他人，但是，就像恶意、对爱的渴望等等，它确实把某种内在的重要性放在了自我之外的东西之上。为了好奇本身而好奇，就是重视发现存在于自我之外的事实或事物（可能在某个特定的领域），而不是认为一个人只需要更多地了解关于某一事物的知识，就能够将某种外在的和独立的事物视为具有某种内在的重要性吗？例如，对巴比伦的好奇心就是（想要）超越自己的关注和欲求的亲密的私人生活领域，去接触远离时间和（对于我们大多数人而言）空间的现实。它是为了（部分）历史本身而重视历史，而这一事实也表明了一种并非是、或者不具有利己主义（或利他主义）的特征。

现在看来，对某些人类群体的恶意行为也是重视外在于自我的事情——甚至是那些怀有恶意的人也可能会惊讶于以这样的方式来理解自己。同样的，对于归属的需要以及其他的那些我们早先归结为中性的需要 / 欲求也都是如此。因此，尽管人们在这种意义上并不是以自我为动机来将他人视为是内在重要的，但是在直觉上似乎有理由从这种假设出发进而推论到一个更广泛的结论，如果一个人将某些外在的东西，如某个人或者事实或事物，无论是外在于自身的还是比自身更广泛的事物①视为是内在重要的，那么他就不是利己主义者。这意味着我们有理由把好奇（除了关于其原因起源的经验问题外）看作一种非利己

① 译者注：如家庭，自身也在家庭之中，所以家庭并不外在于自身，而是比仅仅涵盖自身更为广泛的存在。

主义的和中性的动机。在好奇的支持下所做的一切也将被视为是中性的：想要看到大峡谷，或者想知道谁在 1925 年赢得了世界职业棒球大赛的冠军，以及为追求这些目标而采取的行动，这一切都将被视为中性而不是利己主义的。这整个儿论点转化为掌控能力和能力的动机。

学习法语有很多可能的动机——一个士兵可能需要法语才能在一个驻守过的地方生活得更好，或者一个人可能需要学习法语才有资格胜任一份高薪的工作。但是有些人对学习法语感兴趣仅仅就是为了这种兴趣本身。换句话说，更有象征意义的，就像一个人可能想要去爬山就是“因为它在那里”。人们可能想学法语，因为法语一直是西方或世界历史文化中的一个重要元素。这是对历史本身某些方面的重视，在这个程度上，一个人想要学习法语就如同一个人仅仅是对法国很好奇一样。在这两种情况下，一些超出了自身的东西，一些在实际上比自身更广泛的东西，其本身就被视为是重要的，而不仅仅是作为一种独立的或更基本的个人满足的手段。

在这一点上，不能因为他们通常会为了个人的好奇心或对能力的欲求而提供某些满足感，就说对巴比伦或法国的好奇，甚至对法语能力的掌握的渴望都是利己主义的。这就如同说由于仁慈的人通常从仁慈的行为中获得满足感，所以仁慈就是利己主义的一样，是不可信的。正如我前面提到的，即使仁慈给当事人带来了满足感，他们的主要动机也并不是为了获得这样的满足感。同样地，即使一个人想要掌握法语，也能从这样做的事实中获得满足感，这并不意味着这种满足感是他们想要掌握法语这一欲求的目标或主要目标。（同样的，对巴比伦或法国的好奇也是如此。）基本上所有我们知道的这些都来自于巴特勒，所以考虑到上述的非自我主义的拓展以及拓展的标准，我想我们有充分的理由认为对能力 / 掌控能力的欲求是中性的，就像好奇一样。同样地，在内在的渴望能力的推动下所做的事情，例如努力学习法语等，也就是中性的了。

由此可见，关于在什么时候一种欲求或动机是利己主义的标准，索伯和威尔逊的限定就显得过于宽泛了。他们认为，如果在一种欲求当中不存在个人与个人之间的关系，那它就是利己主义的。并在此基础上，他们说[①]，（内在地）希望找到一个癌症治愈的方法和（内在地）渴望攀登珠穆朗玛峰一样，都是利己主义的[②]。但我认为这是错误的，其原因在我们之前的讨论中应该已然说明了[③]。例如，一个人，就其想要攀登珠穆朗玛峰本身（并且不是为了名利）来说，是把一些外在的独立于他自身的东西视为对他来说具有内在的重要性。对于这种我们想说的类似的动机，例如关于仁爱的动机，有些东西既没有非利己主义的特性，也并没有对个人有所拓展，在此使用关系准则得出相反的结论看起来似乎是没有道理的。关系准则是一种形式的和语言的标准，先在地对这样

---

① 参见《致他者：无私行为的演变与心理学》（2003 年版）。

② 译者注：索伯和威尔逊认为只有与他人相关的欲求才不是利己主义，而不包括他人的欲求都是利己主义，这被称为关系准则。

③ 在达沃尔主编的《于罗尔斯教堂的五次布道和一篇关于美德本质的论文》（1983 年版）中，巴特勒主教说男性（原文如此）经常为了好奇（以及爱和仇恨）而牺牲自我利益，因此，他并没有像索伯和威尔逊所暗示的那样，在好奇心和好奇方面犯同样的错误。但他并没有说这种动机（和其他动机）的非利己主义性质在于它对自我以外的事物的内在重视。

一种标准与动机问题做出关联性假设是十分可疑的，更不用说用来解释动机问题，这会是合理的吗？我之前提到，按照索伯和威尔逊的标准能够得出的结论是，对名望的欲求不是利己主义的，但是一些哲学家（例如约翰·多丽丝和斯蒂芬·斯蒂奇）则认为，这种动机就是利己主义的。索伯和威尔逊的这种纯粹的形式准则使得它不会像多丽丝和斯蒂奇那样具有直觉上的说服力[①]。事实上，关系准则并没有直觉地解释为什么对于名望的欲求是非利己主义的，因此多丽丝和斯蒂奇所持的对立性观点就仍然是完整的。

但是我认为，我们将他人视为内在的重要的准则，确实是具有批判性和直觉性的说服力的。一旦人们意识到，重视名望就是将其他人放在非常重要的地位，意识到名望实际上是在向他人提供一种伟大的道德赞誉，那么就会更容易看出，名望并不必然是一种利己主义的目标。这就是为什么我之前认为，作为一种区分利己主义和非利己主义的方式，这个标准比索伯和威尔逊所提供的任何准则都好。这种优势与这样一个事实有关，即与索伯和威尔逊的形式准则不同，刚刚提到的准则涉及并且运用了心理学。它告诉我们，那些使得某些动机，如恶意、好奇或对爱的需要被视为非利己主义的个人意识和想法究竟是什么。

但是，类似的观点也适用于索伯和威尔逊关于攀登珠穆朗玛峰的公认的能力动机，相比较而言，是我们现在所说的扩大了的非利己主义的动机。（我会

① 译者注：索伯和威尔逊认为对于名望的欲求是非利己主义的，因为名望是与他人相关的，根据关系准则，利己主义仅仅是指涉及那些与个人自身相关的动机。

谈论在短时间内寻求癌症治疗的愿望。）攀登珠穆朗玛峰的愿望与其他人没有任何关系，这一事实本身似乎并不能解释为什么这样的动机必须被视为是利己主义的——采用这样的准则过于形式主义，以至于无法给出一种直觉性的解释。但是，对能力/掌控的内在欲求而言，包括将超出自身或超过自身的事物视为对自己是重要的，这种观点似乎在直觉上有助于解释为什么这样的欲求在概念上或表面上（并且不依赖于最终的心理学解释）可能会被视为是非利己主义的。因此，我们的扩展准则不仅解释了为什么能力/掌控能力的动机是中性的，而且也解释了，对于能力/掌控能力的欲求而言，索伯和威尔逊的标准为何在珠穆朗玛峰和其他实际表达中是错误的。

然而，寻找治愈癌症的方法的欲求似乎并非与对掌握或胜任能力的欲求相同，除非有人将其想象为一场与疾病本身之间的生动战争。当然，正如索伯和威尔逊以及我们很多人所知道的那样，寻求癌症治愈方法的欲求可以或可能是对其他人的人道主义、利他主义的关心。但是当索伯和威尔逊把这种欲求说成是利己主义的时候，他们就把它看作了一种内在的欲望，可能就像是科学家仅仅是为了在癌症治愈方法尚未被发现的世界里寻找治愈方法一样[①]。这样的欲求并不完全是对掌控能力的欲求；更直观或通俗地说，它似乎是一种对某种成就的渴望。现在我们应当考虑的是，将成就的欲求与对好奇、胜任、恶意、爱等等的欲求放在相同的中性动机的分类当中。

① 译者注：而不是为了找到这种治愈方法来帮助他人，仅仅是为了癌症的治愈科学本身而寻找。

至少对于某些看待事物的方式来说，这个问题的答案并不明显，或者实际上是否定性的。康德在《形而上学的道德基础》中认为，除了尽职尽责的欲求以外，人类的所有动机都是利己主义的。尤其是他认为利己主义包括了仁爱和同情的动机，以及对能力和成就的欲求。他认为，对于发展我们的才能、提高我们的技能和知识而言，我们是有道德责任的，但是（他认为）如果我们不以责任的名义去追求这些东西，我们就不能在其中获得道德的价值。他把除了责任以外的所有其他动机都从根本上视为是利己主义的。

然而，我们为中性或非利己主义的扩展准则提供了完全不同于对能力和技能的欲求的观点，我认为，我们关于这种动机是非利己主义所给出的原因很容易转化为对成就的欲求。（他们也很容易将这种欲求转化为收集物品的欲求，无论是艺术品、硬币还是棒球卡，但我将把这种中性的欲求留在后面讨论）。攀登珠穆朗玛峰的愿望同样也是一种对掌握能力和成就的渴望，并且基于前面所给出的理由，它似乎都不是利己主义的。同样地，内在地寻求癌症的治愈方法似乎也是中性的，而非利己主义的。我们为把掌握的欲求视为中性的欲求而提出的论点和思考，同样适用于关于成就的欲求，成就给我们带来快乐和满足（也显然需要一定程度的努力和忧心），同仁慈和归属的欲求（或者就此而言，恶意和报复欲求）一样，不再是一种利己主义的目标 / 动机。

因此，我们需要扩大中性的范畴，以囊括我们刚才所描述的所有不同的动机，而非利己主义的观点并不能像我们扩展后的非利己主义准则那样，让我们直观地了解在这些动机下所发生的事情。但是我们尚未完成这种扩展。中性的范畴也可以包含我们尚未在此讨论过的动机 / 需要 / 本能，而且这些动机 / 需要 / 本能也同样没有被其他人（以这种方式）描述或分类过。当我们思考这些的时候，会发现有一些假定的人类本能在我们个人的生活或人类整体的生活中发挥了巨大甚至是重要的作用。但是，哲学家或心理学家（据我所知）从来没有真正关注过这个问题，更不用说将其归类为利己主义或非利己主义了。希望人们能够注意到这些本能,并且我要向大家解释为什么我认为它们也是中性的，而不是利己主义的。

我想要谈论的第一种欲求或本能可以说是一种原始的、基本的欲求，甚至在我所知道的任何学术文献中都没有提到过这种欲求："人际接触"（human contact）的欲求，即接近他人或与他人接近的欲求。（我们也可能渴望接近或接触其他哺乳动物 / 动物，但我要简化来说）。这是马斯洛从未提及的欲求或需要，但我认为这与他所提到的那些欲求相似，比如对归属的欲求，对尊重的欲求，以及对爱的欲求。在其可论证的独立性中，至少在概念上，这种欲求来自于更明确的以生存为导向的组织本能 / 需要，如饥饿和口渴。就像马斯洛提到的需要和我们前面讨论过的其他中性的欲求 / 需要（现在更笼统地说）一样，纯粹地渴望接近一个物种当中的其他成员似乎并不属于利己主义。这种欲求可能有利于生存：成群结队地聚在一起可以帮助单个绵羊更好地抵御狼等掠食者的掠夺（尽管这也可能为它们创造出一个更明显的目标）。渴望接近会增加安全性或更好的求生条件，但这并不意味着这就是其内在的目标，正如好奇心会带来有益的探索行为这一事实，也并不意味着好奇心（例如，对于抽象问题的好奇心）本身想要给动物带来安全性或增加其求生的机会。

此外，接近的欲求不一定是要接触到同伴，不同物种之间在空间上的接近程度是因其物种而异的。羊群聚集在一起，需要保持一定的非接触距离，但是对于鳄鱼和海洋鬣蜥来说，它们会与其他物种的成员一起晒太阳，他们彼此保持的距离可能与羊群不同。稍后我想解释一下这种新的、未被充分讨论过的接近本能是如何与马斯洛论述的中性欲求联系在一起的。但为了做到这一点，就有必要引入另一种需要 / 本能 / 欲求，没有人（包括马斯洛在内）曾经像本文这般以普遍性的方式来谈论这个问题，但正如我所说的那样，这在整个人类生活和集体生活中有着非常重要而广泛的地位。

事实上，这种（刚才所描述的）进一步的神秘的欲求或本能，仅仅是我们所熟悉的模仿他人的欲求，但是，它所包含的普遍的、主要是潜意识的移情过程的方式，是这种欲求不为人所熟识的。我们都知道，婴儿会模仿他们周围的手势和声音，这种模仿会一直延续到青少年和成年时期。在不断熟练的同时，其模仿的对象和目标也会变得越来越复杂。但是当孩子发出与他们所要模仿的成年人相同的声音时，他们通常是故意为之的，或者说至少是自愿的。当一个小女孩学着她的母亲化妆时，就涉及这类自愿的甚至是故意的（或有意的）行为。一般的接受 / 联想的移情在幼儿和成人身上都有着本能的一面，但这一点几乎已经被每一个谈论过这种移情过程的人所忽略。我想说明的是，接受的移情表达了一种对他人的基本的模仿或同化，这也体现在更为刻意的或自觉、自愿的身体模仿当中。

这与人们对移情的思考方式（包括我早期的自我）是背道而驰的。当今关于移情的文献将投射移情与联想移情区分开来，投射的移情包括特意地或自愿地把自己放在别人的情境里，然后去想象他们会如何感受、思考或行动，而联想移情则被认为比投射式的移情更容易接受，也更非自愿性的。正如比尔·克林顿所描述的那样，当一个人感受到另一个人的痛苦（或快乐、焦虑）时，这可能是在移情者无意识的条件下发生的。所以，联想移情与投射移情形成了鲜明的对比，或者至少是二元的。然而，虽然我不想质疑或否定这一基本的区别，但我确实认为联想移情有其本能的、主动的或者是说有其非被动的一面，它的接受性描述在某种程度上是模糊的。（相比之下，我认为几乎没有人会否认，将自己投放到某人头脑中的投射移情涉及一种积极的模仿行为。）当我们认为联想移情是无意识的，是没有积极的身体活动的，并在此基础层面上称之为接受性的时候，我想这通常忽略了通过联想移情的过程所同化的、与自己相似的其他人的意愿和欲望。接受性和欲望是一致的，如果你仔细想想，它本身就意味着某种类似欲望的东西。换句话说，我的意思是，接受性联想移情可以在我们没有自觉意愿的情况下发生，但是它却同样表达了一种欲望和本能的欲求，这就意味着它不仅仅是被动的。

在这里，使用听觉的类比也许能够帮助到我们。听本身完全可以是被动的，但是通过听觉去倾听却绝不是被动的。事实上，倾听在某种程度上是接受性的，而纯粹的/单纯的听觉并不是这样，这是因为接受性会涉及与被动有所不同的东西。然而，倾听很可能不是（也许是）一种本能。在我看来，在某种程度上倾听是可接受性的，而听觉则不是，接受性在这里意味着渴望或希望通过听觉来接收到事物的信息。我想，作为一种基本的直觉或需要，类似的事情也会同样发生在移情的情况当中。当一个父亲对女儿的集邮感兴趣时，正如我们所说的那样，当这样的父母被女儿的集邮兴趣和热情所感染时，他就不会意识到这种事情是正在发生的，也会不自觉地希望让它发生。但是，父亲在某种意义上仍然渴望这种事情发生，而这种态度或动机所涉及的接受性与这个父亲对女儿的爱有很大的关系。他渴望或可能渴望跟她分享一些对她来说很重要的事情，但正如我所说，这不需要有意识地发生，也不需要有意识地去做。当我们移情地接受那些亲近我们的人（尤其是我们的父母）的观点或认知时，类似的情况就会发生。但是，正如我所说，我们把联想移情的这一方面忽略了，如果我们想要对我所要描画的移情以及模仿 / 同化他人的欲求有更加全面的认知，我们就必须重视它。

如果移情被认为是一种同化他人的本能，而这种本能也会体现在有意的模仿行为当中，那么它作为本能的特性似乎就既不是利他性的也不是利己性的。变得和其他人一样有可能（或也许不能）带来好处，但是，这种对他人的感受甚至是思想抑或是一般态度的模仿意向，至少在概念或者所有表面上，人们似乎都不是想要从中获取什么好处。对于简单或复杂的身体行为的模仿通常不以任何利益为目标，如果我们比其他人更乐于让自己成为他人，那么我们从这样做的过程中获得或打算获得任何与我们无关的利益就并不是显而易见的。我们仅仅是想要和其他人一样，在生活的某些方面有更舒适的感受，在这个层面上，有意地模仿他人似乎只是一种本能或需求，它与对爱或对归属的渴望一样，都不是利己主义的。因为就像后者一样，它明显地把某种内在的重要性放置于外在的他人身上。

但是，联想移情并不涉及或通常并不涉及自愿的身体活动，那些讨论过它的人已经将它概念化为一种心理“机制”，这个术语至少意味着或暗示着人们（或者行为人），在联想移情发生的过程中他们是被动的。因此，在《论语》中有所提到，统治者在无须任何努力的情况下，就可以将他的美德传播给他的臣民[①]——尽管孔子没有具体提到移情，但他所说的话至少隐约地涉及休谟的观点，即，不仅仅是情感，还有观点和态度，往往会像“传染”一样，从一个人的身上传播到另一个人的身上。但是孔子以统治者的影响力来描述这个过程，这显然暗示着，臣民对于统治者的这种影响来说完全是被动的。他说，被统治者就像是被风吹动的草，其被影响的程度与统治者的德行（移情）的强烈程度相关。同样，正如我刚才所指出的休谟所描述的移情［他称之为“同情”（sympathy），因为“移情”（empathy）一词当时还不存在，因此以一种略显模棱两可的方式使用了“同情”（sympathy）一词］，就如同以传染的方式从一个人向另一个人蔓延的感觉。这显然表明，在感觉或态度传播过程，被传播者基本上是处于被动的。毕竟，在感染传染病的过程中，我们通常是完全被

① 译者注：这段话是作者参考《论语·颜渊篇第十二章》第十九章内容进行的阐释，《论语》原文的表述是“子欲善，而民善矣！君子之德风，小人之德草；草上之风，必偃。”

动的。

这个问题上，我认为休谟作为第一位描述移情工作方式的人，实际上比我们这些对移情进行描述和理论化的后来的人更加明智。因为除了有时说移情是通过传染（或“灌输”）起作用外，休谟还说我们“拥抱”他人的观点和情感，这个积极的词语能够暗示，移情并不是一种完全被动的机制，而是包含了一种渴望，渴望移情或融入别人，这使得“接受性”也包括其中[①]。然而，那些认为联想移情涉及了某种接受性的人，并没有像休谟一样（至少在某些时候）愿意（并且想要）采取进一步的说明[②]。所以我想指出的是（这超越了休谟所说的任何事情），联想移情是一种本能，或者至少是本能的一部分，它是模仿和同化他人的一种本能，会体现在更有意识的或故意的身体模仿行为当中。这种全面的、更具包容的本能既不是利己主义的，也不是利他主义的，这里我可能无须再阐明什么了。它属于本文前面所描述过的其他中性的需求或本能。那么，接下来的问题就是这些不同的本能是如何相互联系起来的。

那么，粗略地讲，模仿和移情的本能似乎是以接近的本能为前提的[③]。一

---

① 关于休谟的观点，请参阅休谟《人性论》中的“名利之爱”一节。

② 我在这里想到的是尼尔·诺丁斯关于接受他人现实的讨论，参见《关怀伦理和道德教育的女性路径》（1984 年版），以及我本人的《关怀与移情的伦理学》（2007 年版）。

③ 许多心理学研究表明，人们更喜欢和别人一起做任务，而不是独自一人，这证明人类需要彼此接近。当然，这一观点得到了我所有读者可能拥有的一种轶事证据的支持。然而，在《群体性孤独：为什么我们对技术的期望更多，而对彼此的期望较少》（2011 年版）中，雪莉·特克尔详细考虑了人类是否需要身体 / 空间上的接近，或者与社交网络相处得很好。她没有给出这个问题的答案，但如果我们能单纯地依靠网络社交就能在社交方面做得很好，那就会削弱我们需要身体接近的说法。许多人表示，

只（较低级的）动物不能模仿它看不到或感觉不到的东西；几乎一切关于移情的全面讨论——包括休谟自己的以及近年来的发展心理学家们关于移情的讨论——实际上也都指出并强调了这样一个事实，即，当移情的目标在物理上接近移情者时，移情的效果会更好。例如，我们对直接感知到的东西比对间接了解到的东西（甚至电视上看到的）更具有同情心，而感知的结果在很大程度上取决于空间上的接近程度。但是一旦一个物种发展了移情，这就意味着在没有移情的情况下，它就无法进行相互交流和相互影响。如果我现在可以做出进一步推测，那么就可以说，一个物种如果没有先天的移情的倾向和能力，那么该物种就无法实现诸如爱、归属和尊重这样的情感表达方式。例如，人类有爱的能力和爱的需要，但是，正如关于移情的论述所指出的，爱相比于普通的喜欢和交往来说，需要对他人拥有更多的移情。此外，除非我们有某种方法或机制来确定或感知到是否满足了这种需要，否则我们就不可能有对爱的需要，我认为这就是移情的意义所在。换句话说，一个被父母所爱的孩子会移情地感受到父母的爱、移情地感知到父母的爱，但是一个没有被父母关爱的孩子就会移情地感受到他们没有被爱。所以抛开“爱的能力和爱的需要在发展的意义上何者是第一位的”不谈（也许都是），我们可以说，这两种人类的倾向在发展的术语上都预先假定地接受了，甚至是渴求着联想移情。

而且已经说过，社交网络对我们人类来说是不够的（情感上和独立于性接触的问题），但人们不得不对此有点好奇。

我更倾向于认为，马斯洛所描述的所有的（我所命名为“中性”的）本能都依据于我刚才描述的那两种人类的普遍本能，但马斯洛从来没有提到：接近的本能和模仿的本能被理解为包括对他人的心理状态或情感的移情渴望。因此，粗略地讲，接近是第一位的，模仿 / 移情次之，而另一种以人为导向的中性本能 / 需要 / 欲求则会在随后出现。但是，我们要问，无论是从进化的角度还是从概念上来说，我们是否都不能在后期或末期的本能 / 需求中做出一些有用或有趣的区分。在这里，我认为任何可能与发展的秩序产生关联的事物都可能不得不依赖于概念问题。

我想到的是（比如）一种归属的本能在概念上比对爱的需要更复杂。对爱的需要必须涉及能够以某种方式获得他者（互惠）态度的能力，而纯粹的接近的欲求则无须如此。因此，后者不但是发展的前提，而且还在概念上比前者更为原始。但是从概念上来说，想要归属于更大的群体的欲求比被爱的欲求要复杂得多，因为归属不仅仅只涉及一个人的归属感。如果你想归属于一个群体，即使是一个小群体，你其实是想与其他成员一样共同归属于其中的某些事物，如果你觉得你属于一个群体，你至少会隐约地感觉到，这个群体的其他成员也有同样的归属感，并且愿意接受这种归属感。如果他们与你的感觉不同，归属感和群体认同感就会逐渐消失，所以归属感和归属的欲求就涉及对他人的态度、对其他成员相互之间态度的态度以及对整个群体的态度。而对一个群体的态度，作为一个团结的群体，在概念上来看，似乎比对其他人对你的态度更复杂。如果你的母亲爱你，并且你感觉得到，你就会对另一个人对其他个体的态度产生你自己的态度。但是，对其他更大的群体的态度则需要有更多的态度，这就是为什么我说，归属感在概念上比被爱的欲求复杂得多。

这是否也表明，在群体身份认同意识形成之前，对爱的需要在发展上就已经显现出来，然而，这并不十分明显。所以我现在从一种发展的本能顺序转移到更纯粹的概念上。不过，我和马斯洛所说的本能，即归属的需要，似乎确实值得引起注意，它处在一个更复杂的概念或认知层面上，而不是像对爱（只需要爱存在着并且能够成功地相遇）那样那么简单。（我下面将要谈一下对尊重/认可的需要是如何与对爱的需要产生关系的。）因此，我认为，现在是时候再一次切换话题了。之所以本书的这一部分选择这样的标题，是为了要表明我写这本书的主要目的，当然，这个目的就是想要描绘，或者说，是想要更清楚地理解人类生命和人类生活。但是当前的讨论过多地集中于特定的本能以及它们的中性特征上，并且没有说明中性特征和本能本身是如何影响我们对人类生命和人类生活的一般理解的。因此，现在是时候说明我们之前的讨论是如何影响对于本章来说更为宏大的任务的了。

现在，需要（更多地）讨论关于我们在这里所采取的方法是如何描绘人类生活的真实图景的。我（我们一起）花了那么多时间来描述所谓的“中性欲求/本能/动机”的原因之一在于，我相信我们必须要考虑到这些需求和动机的广泛程度和多样性，以便充分衡量我们人类的状况以及我们的生活状态。首先，从巴特勒主教的作品中能够得出的观点是，恶意和报复既不是利己主义的，也不是利他主义的，而是中性的。但巴特勒关于这些动机为什么是中性的（我所命名的），并没有引入那种我所认为的最深刻的解释，即为什么它们被认为是中性的。事实上，它们都被赋予了内在的重要性，并且在某种程度上对（某些）其他人给予了相当大的承认甚至是赞许。在这个层面上做出解释有助于我们把恶意放入生活的一般图景当中，这在巴特勒的著作中几乎没有被提及过。而且，即使巴特勒认识到了我们所说的中性动机，他对处于这种描述之下的各种动机也仍然是不了解的。因此，他也没有意识到人类心理学中有多少动机是既不属于利己主义，也不属于利他主义的。因此，最终，恶意和报复被看作对他人重要性的感觉和感受，如此看来，它们与其他那些动机一样都是客观的、不那么消极的，因此也属于中性动机；并且在这个程度上，在这些之后提及的动机涵盖广泛，在我们的人类生活中，恶意和报复比巴特勒或其他人所提出的任何东西都显得更有人情味。

同样有助于（在某种意义上）使恶意和报复“正常化”的是我们所说的对于爱的需求（以及归属和尊重，我马上就会介绍到）。巴特勒从来没有说过恶意和报复与对爱的需求相关。在 20 世纪以前，又有谁真正意识到了这种需求呢？但是我们现在确实能够欣赏到这种需求的力量，以及当这种需求得不到满足甚至被践踏时，典型的人类反应所造成的相应力量。我们知道，如果父母不爱一个孩子，那是一种情感上的虐待，如果父母对孩子进行性或身体虐待（也许是其中一人这样做，另一个是同谋和谋利者），那么，这个孩子可能会失去所有去爱和关心他人的能力，结果会变成一个精神变态的骗子，甚至是一个连环强奸犯（或杀手）。而这些可能性可以被看作对父母虐待的深刻、持久和基本上是无意识的愤怒的反应。连环罪犯往往会以不关爱或者性虐待的方式来报复他的父母或监护人，并以一种把愤怒或仇恨施加给他们父母以外的人的方式来报复他们。我认为我不需要进行更多的细节说明了。最为主要的是，这种连环罪犯的恶意也可能是报复的欲求，虽然巴特勒看到恶意和报复是有关联的，但他并没有把这种联系与某些非常基本的案件联系起来，在这种情况下，这种联系是在寻求被爱时，由孩子遭遇的挫折和受到的虐待所驱动的。

对于归属和尊重的欲求也可以在这一点上融入其中，因为如果一个孩子受到父母的虐待，父母不仅挫败了孩子对爱的需要 / 欲求，而且还挫败了他们对归属的需要 / 欲求，以及他们对尊重的需要 / 欲求。一个被虐待过的孩子是不可能对于一个虐待和不爱他的家庭有一种快乐的归属感的，父母的不爱和虐待同样会挫败孩子对于尊重的欲求，因为父母的爱是父母尊重一个非常年幼的孩子的主要方式。如果父母爱孩子，孩子就会觉得受到了重视，并且会以这种非常基本的方式感受到父母的尊重。（爱一个孩子就包括承认孩子是相当美好的，这显然是一种尊重。）但是，如果父母不爱孩子，孩子就不会感觉到被重视，他们对尊重的欲求也会以一种非常原始和强烈的方式受到挫败。马斯洛是第一位对由于上述所有三种中性需求所产生的挫折感会导致愤怒这一观点进行描述的人，而这种愤怒或许比只由一两个中性需求所产生的挫败感更加严重（尽管这种将挫败和需求分离出来的方式在婴儿期和幼儿期可能没有多大意义）。

然而，马斯洛从来没有真正探究过，如果不满足我所说过的这些中性需求会产生什么不良结果。他认为，我们要达到自我实现，就必须先满足这些需求，但事实上，情况远比这糟糕得多。如果对爱、尊重和归属感的需求得不到满足，结果可能不仅是自我实现的失败（无论怎样表述），还可能会导致形成一种非常恶性的反社会人格。因此，如果说巴特勒没有把恶意和报复与对爱的需求联系起来，那么可以说，马斯洛也是如此（尽管巴特勒以马斯洛似乎没有想到的方式看待这些动机的中性特征）。马斯洛可能是第一个在公开发表的文章或书中明确并强调关于爱的需求的人，但是他似乎并没有意识到这种需求的绝对力量和紧迫性，对它的阻碍可能导致人类最可怕的结果，会致使那些充满仇恨和愤怒的人以痛苦的方式将这些情感发泄到身边的人身上[①]。这意味着，无论是马斯洛还是巴特勒，他们都没有意识到恶意和报复在真实的以及我们所熟悉的人类生活中，究竟处于何种地位（尽管我们可能不喜欢考虑它们）。

这些之前的理论家们也没有像我们新近得出的结论那样，能够意识到精神病患者、骗子、连环杀手 / 强奸犯，以及“反社会人格”的存在。（我不想探

---

① 相比之下，“依恋理论家”约翰·鲍尔比（John Bowlby）不仅强调了对爱的需要，而且非常明确地说明了当这种需要得不到满足时可能发生的可怕后果。他认为精神病很可能是由父母的冷漠、忽视和虐待造成的，他的作品讨论了进行着不同研究工作的心理学家们所得出的相同结论（心理学家们都认为精神病是无法“治愈”的）。例如，参见他的《孕妇保健和心理健康》（1952 年版）。然而，我不想否认遗传和身体因素也能够而且经常能够在某些人的反社会或精神病倾向的发展中起到强化甚至是发挥独立的作用。

此外，我之所以在上面谈论已出版的内容，是因为马斯洛的导师哈里·哈洛（Harry Harlow）早在马斯洛之前就已经谈到了人类对爱的基本需求。但是我认为，在马斯洛 1943 年的文章《人类动机理论》（发表于《心理学评论》）发表之前，他在相关领域的任何论述都没有出现在出版物当中。同样，在 20 世纪早期的一些心理学文献中（我相信在麦克杜格尔的作品中）也提到了人类对爱的需要，但是却没有像马斯洛那样谈论的具体而突出。

究新近的这种发展的原因。）因此，前人们有一定的借口不把它们与我们的普遍人性联系在一起，我不认为在这种情况下，一旦我们不这样做就是把人类归结为有着道德主义的倾向。但是我认为，道德主义，实际上就是渴望以美好和快乐的方式看待事物，使我们在构建人类生活的图景时忽略那些邪恶的人和犯罪分子。虽然精神病等的解释类别直到最近才为我们所熟知，然而关于邪恶的人和犯罪分子我们却早有所闻。但是，尽管有这些知识，人们仍然常常是通过联想和暗示来获得人的生活图景，（例如）从情感主义的角度来看待人性，比如在休谟身上和关怀伦理学中所表现的那样，似乎都有意回避我所谈论的那些道德上邪恶的人。而且我认为，对于那些道德上令人厌恶的以及心理扭曲的人格和个人，也就是对于我已经用了很长篇幅描述过的那些人，提高我们的集体警觉是十分重要的。

但是，为了避免过多地把注意力放在这样的人格和个人身上，我要转向我所描述的在马斯洛的作品中的其他中性动机。我在本章开头提到的人类动机具有多样性，其目的是想提出作为既不是利己主义也不是利他主义的多种动机，将其作为暗示我们具有利己主义、利他主义和中性动机等多样性动机的参考。正如我们所看到的那样，中性的动机不仅包括将他人视为是重要的动机（例如对爱的需要，对报复的欲求），而且不（必然）仅仅是与我们相关的其他个人，还包括对那些自身以外或超出自我之外的事物或事实的重视。我们所关注的所有中性的欲求都涉及这样一种感觉：除了自我之外，还有一些东西（不管是人还是其他事物）是十分重要的，这显然也适用于像同情和仁慈，甚至是感激等利他主义。

但是目前为止仍然没有将所有的人类动机尽数道出。利己主义的动机可以说是把一个人自己的趋乐避苦看作是极为重要的，这些感觉或状态显然并不在自我之外。利己主义者未必一定是享乐主义者，也并不能说明一个纯粹的利己主义人格能否认识到一些自我之外的东西对他们来说在本质上是重要的。但是，这将迫使我们改变我们目前正在呈现出来的人类生命和人类生活的图景，除非有人声称我们之中有许多纯粹的利己主义者，然而这却是十分可疑的。起初，这种假设可能看起来是现实的或可信的，因为相对来说，我们很容易认为那些顽固的骗子或反社会者是那些对他人没有任何感觉、只为自己着想的人。但是，如果我们更加深入地去探究，并以当今的社会科学知识来思考的话，就很难维持对骗子或精神病患者 / 反社会者的这种看法。除了这些人所具有的利己主义动机或冲动（最近的心理学文献表明，他们的行为往往是目光短浅的和自作自受的冲动），他们的行为也通常反映了反社会的情绪：对其他人的愤怒，以及随之而来的对他们肮脏的内在欲求。后者是非利己主义的中性欲求 / 情绪，这表明纯粹的人类利己主义者并不像人们最初所想象的那么容易被发现[1]。事实上，我不认为有这样的事情。每个人都有被爱的需要，这并非

① 我们还需要考虑责任心的动机，康德在我们所说的意义上将其视为是中性的，因为他认为它独立于怜悯和同情等动机。但是像我这样的情感主义者会想争辩说，如果没有这些情感动机，康德的责任心在心理上和概念上都是不可能的（这一论点可以参见我的著作：《道德情感主义》，牛津大学出版社，2010 年版）；并且，此外，即使不是这样，康德认为责任心所尊崇和依赖的道德法则带来了某种东西，

利己主义的动机。当这种需要受到阻碍，并且由此产生了愤怒或幻想破灭时，一个人对其他人的动机和需要就绝不仅仅是利己主义的。我认为，人类生活最主要的特征是这个事实，而不是我们在人的个性中发现的利己主义。不管什么事情在我们身上发生，最终我们都会将他人或其他外在于我们的事物视为具有内在的重要性。因此，我们可以说，人类的生命或人类的生活不可避免地或在本质上表达了一种内在的欲求，就是将自我广泛地扩展到它之外的事物，并且

尽管是抽象的，但是却超越了自觉的个体非常重视的（经验的）自我。因此，责任心毫不例外地是我们所要表达的关于超越自我的扩展和包容性的基本的、普遍的、非利己主义的人的倾向。

顺便提一句，爱芬豪（P.J.Ivanhoe）向我提到了另一种似乎既不是利己也不是利他的人类需要（或基本欲望）：对他人的回应或承认的需要。我们以前没有提到过这种需要，它显然与需要别人尊重（如果一个人没有得到回应或承认，那么他就被“鄙视”了）和被喜欢的愿望有关。还有一种进一步的可能性，即人类可能需要并寻求一种相互存在或共同存在的方式，以实现一种被承认的愿望和一种对接近的渴望：即我们人类渴望得到邻近的他人的承认，并与他人保持团结。还有就是，我们渴望所有这一切都发生在一个相互的基础上，以及希望他人也能够渴望从我们这里就近地得到对他们的承认。

让我谈谈在特定的情况下这是如何得以可能的。最近有人在讨论医生需要同情病人的观点（参见乔迪·哈尔本的《从超然关怀到移情》（2001 年版），劳尔·德·贝拉斯科在他未发表的著作中指出，如果病人能够体认到医生对他们的移情，那么医生和病人之间的关系就会变得更好。但是我认为，要让医生和病人能够真正团结一致，医生就必须认识到其对病人的移情是需要病人承认或接受的，再者就是病人要认识到医生已经了解自己（病人）已然明了或接受了医生的移情。这种（无限期延展的）相互嵌套通常被认为是涉及习俗或语言交流系统的内容，但是我却认为，类似的东西对（一种）团结的存在也是必要的（我在此感谢与德·维拉斯科的讨论）。关于（一种）归属感是如何与（一种）团结感产生关系的，还有更多要说的，我的观点与爱芬豪的建议以及马丁·布伯（Martin Buber）关于我和你（以及关于对话）的观点有一定联系。但是在这里我不再进一步讨论。

同时又将那些事物包容于我们自身的生活之中[1]。

让我先谈一下我所说的“广泛的包容”的含义。彼得·辛格在他的书《不断扩展的周期》（*The Expanding Circle*）中也提到了人类的广泛性，但他所指的广泛性只是严格地限定于道德层面：正如他之前的许多人一样，他倡导我们广泛地扩展我们（道德）关注的范围，包括我们最初并不关心的人：其他家庭、其他社区、其他国家的人[2]。但我所说的广泛和扩展并不仅仅是具体的道德，而是包含那些令人作呕的或令人恐惧的广泛形式和方式。辛格意义上的广泛性并没有表现出人类生命或一般生命的特征，而仅仅是给我们一种人类生活所涉及的道德，这完全是另一回事。

包容的概念也出现在其他地方：最明显的是在卡尔·雅思贝尔斯的《存在的哲学》（*Philosophy of Existence*）当中[3]。但雅思贝尔斯所称的“包容”是一个

---

① 如果广泛包容性涉及某人把自身之外的事物或人视为对自身具有内在的重要性，那么广泛包容性就必然涉及情感能力和情感倾向。如果某人认为攀登珠穆朗玛峰（对他自己来说）是很重要的，而他却无法（尝试）完成此事，那么他会感到悲伤；如果这个人成功登顶了珠穆朗玛峰，那么他就会感到高兴、愉悦或快乐。渴望复仇指的是，如果某人无法复仇，他就会感到愤怒；如果这个人复仇成功，他就会感到兴高采烈。渴望归属是指，如果某人被排除在（集体）外，就感到悲伤；但如果他最终能够回归（集体），就会感到快乐。因此，情感倾向在我们已知的人类生活中是绝对普遍的，而且显然不局限于我们与他人之间的关系。然而，我并不是在说所有的偏好或欲望都必然涉及情感。当某人不得不购买巧克力而不是购买香草时，那其对香草而非巧克力的偏爱可能并不包含任何情感。但是，如果某件事对某人来说很重要，比如在所有涉及广泛包容性的情况下，那么情感倾向就必然存在。

② 参见彼得·辛格的《不断扩展的周期：伦理、进化和道德进步》（2011 年版）。

③ 参见卡尔·雅思贝尔斯的《存在的哲学》（1971 年版）。

形而上学的超越的范畴，普通的生命和物体在某种程度上被浸入其中。这个概念指的是超越人类生活的东西，而不是人类生活中最真实的东西，因此它与我在这里所谈论的东西截然不同。

我们对人类生活的描述最为根本的和普遍涉及“广泛包容性”的最直接或最明显地与之形成对比的是对人类生活的一般观点，这些观点要么是过于悲观的，要么是过于乐观的。在前者中，我认为可以包括弗洛伊德（以及埃里克森，他在一定程度上追随了弗洛伊德）和霍布斯（以及曼德维尔）。弗洛伊德（像尼采一样）不承认存在真正的人类利他主义的可能性，这显然扭曲了他对人类生活的看法。霍布斯可以说不是一个严格意义上的利己主义者。他说了一些暗示心理利己主义的东西，还似乎接受了一些现实上是利他主义的东西。但是他所接受的利他主义是非常有限的，比我在这里的任何主张都更为有限，也较人类所能达到的现实的可能性更为有限。是的，我们中的许多人，就像我们一样，只会对其他人（或动物）产生有限的和飘忽不定的关心。但是，一种由移情产生的关于道德的教育系统，它将强调移情对道德教育的技术和对道德成长的影响，这些技术和影响允许强烈而广泛地关注其他人在个人内部的发展（尽管考虑到移情的性质，不可避免地有些偏袒性）。我在我的著作《道德情感主义》（*Moral Sentimentalism*）和《教育和人的价值》（*Education and Human Values*）中详细描述了这一点；因此，与霍布斯、心理利己主义者曼德维尔以及弗洛伊德的观点不同，我在这里提供的和提出的人类动机及其相关发展的描述，不能仅仅描述为消极的[①]。

但由于前面提到的原因，道德情感主义者倾向于采用的方式并不是特别乐观。实际上，我是说，对于恶意等负面动机的作用和起源的关注，以及认识到我们生活中的中性动机的多样性和范围，都有助于我们看清情感主义的伦理哲学是过于乐观的。例如，尼尔·诺丁斯（Nel Noddings）在《关怀》中，承认阻碍孩子对爱的需要可能会对孩子的人格产生可怕的后果，但她没有提到父母阻碍对爱的需要的所有可能性方式，也没有提到一个重要的事实，即人类社会已然充斥了那些没有得到（足够的）爱的人，他们会将他们随之而来的愤怒释放出来，进而产生具有攻击性的反社会行为，并且他们并不具备真正关心他人的能力。

父母可能无法表现出足够的爱，因为他们对家庭的下一餐来自哪里感到焦虑，并对孩子们的沮丧和焦虑感到焦虑[②]。他们可能无法给孩子们足够的爱，因为他们偏爱家庭中的其他孩子，或者仅仅是因为他们在情感上对其他人表现

---

① 《教育和人的价值：调和人才和关怀伦理》（2012 年版）。顺便提一句，不必把情感主义作为一种整体的伦理学说来看待，因为移情是非常有用的，在某些方面对儿童或成人的道德发展至关重要，而且有许多心理学家（例如南希·艾森伯格）就持有这一观点。

② 在《生活贫困的压力：养育、社会支持和儿童心理健康》中［载于艾莉莎·休斯顿主编《贫困儿童：儿童发展和公共政策》（1991 年版）］，沃尼·麦克洛伊德（Vonnie McLoyd）和里昂·威尔逊（Leon Wilson）非常详细地描述了贫困是如何导致孩子得到较少的照顾，以及由此产生的反社会行为。他们还列举了其他各种研究和讨论，这些研究和讨论支持了这种观点，即贫困、父母的爱和儿童的个人发展之间的联系。

爱的时候过于冷淡（正如当他们是孩子的时候别人也同样冷漠地对待他们那样）。他们不可能通过对他们的孩子进行言语侮辱、身体惩罚或性虐待的方式来表达对孩子的爱。还有很多其他的方式（你可以自己想到这些方式），在这些方式之下，缺乏父母的爱会导致成年后产生反社会和对他人做出不道德行为的倾向。而像诺丁斯这样的关怀伦理学家对于人类生活的一种隐含的描述，在我看来，就是对于发生这种情况的各种方式的忽视，是对于这种情况发生的频率的忽视，以及对所有这些对于他人和一般人类生活的影响的忽视。这是过于乐观或过于积极的①。

---

① 这是另一个例子，说明了伦理学者是如何轻视或忽视人类生活中不积极的一面，在她的《另一种声音》（1993 年版）中，卡罗尔·吉利根强调从关系和（特定）关联的角度看待人类生活的重要性，而不是以传统的（父权制）哲学思维的方式强调人的分离和自主。但是她所说的给你洗意味着良好的关系，而坏的关系似乎是她最不理解的事情。然而，我在这里所持有的观点是，为了准确地看待人类生活，我们需要强调坏的关系和好的关系，而这一点在关怀伦理中根本找不到（到目前为止，我还是一个关怀伦理学者）

然而，我还想提及的是我正在讨论的对人类生活过于乐观和过于悲观的观点的另一面。这种观点，无论是片面的还是错误的，都是或含蓄或明确地处理关于人类生活的问题，而在过去一百多年的英语世界里的道德哲学和政治哲学中，这是很少被发现的。近年来的工作一直专注于规范性问题，而牺牲了所有表面上对描述人的生命或人的生活的兴趣，即使是笼统的描述；在这里，我想到了相当多的受到高度重视的哲学家，包括西季威克，福特，黑尔，德沃金，帕菲特，辛格，科斯嘉……等等，显然伯纳德·威廉姆斯和迈克尔·斯托克显然并没有在此之列。在《道德哲学是否奠基于错误？》（载于普理查德 1949 年出版的《道德义务》）中，普理查德抱怨说，与莎士比亚戏剧中的观点相比，大多数道德哲学（我想，也包括他自己的）似乎远离现实生活的事实。即使需要规范性哲学，而规范哲学不必专注于现实或实际生活，但作为一个研究领域，在哲学中仍然有一个重要的位置，因为它对理解人类生命 / 生活有着更无私的兴趣（一般情况下）。而这种兴趣，这项任务，却被严重忽视了。当然，像埃里克森和马斯洛这样的人确实推进了这种兴趣和任务，但现在是哲学家们加入的时候了，在诺丁斯看来（参见《关怀》），我们都有关怀的冲动，这种冲动是天生的或者说是与生俱来的，不过无论关心是不是天生的，它都可以被我们生活中所发生的事情彻底粉碎或阻止。父母的虐待或忽视可能使我们中的一些人根本不可能真正地去关心他人的福利：这些人通常被称为反社会者或精神病患者。此外，有证据表明，基因的缺陷或大脑损伤也会使我们中的一些人根本不具备关心的冲动（更不用说利他行动了）。所以我认为，诺丁斯的道德之善是不现实的，但是她并不是唯一一位没有认识到，或者说没有充分地认识到人类生活的阴暗面的情感主义者。

在《道德原则探究》第五章第二节中，休谟说，每个个人都会关心他人的福利，不管多么轻微，都有一些"人类善的倾向"。这（又一次）恰恰是我们不能说的精神变态者和其他人，他们与爱、爱与联想移情的关系被童年时期（或之后）的虐待以及忽视治疗所破坏或削弱。所以，休谟和诺丁斯一样，对人类的真实存在状态过于乐观了。[①] 而我则一直试图在这里提供一个更为平衡的图

或者说是再次加入进来，因为霍布斯，休谟和其他早期的哲学家确实或明确或含蓄地向我们展示过人类生活的全貌。如果哲学家们也加入进来，他们将不得不关注像埃里克森和马斯洛这样的社会学家们已然向他们所诉说的东西，但是他们所使用的概念的复杂程度可能会让他们以一种有用和重要的方式澄清、解开、联系和概括各种想法和问题。（我意识到，在这篇文章中，有大量的社会学家我没有加以利用或关注；但我认为，我所说的"广泛包容性"在最近的社会科学中并没有被任何事物所反驳，实际上反而会通过对这些文献的广泛研究而得到加强。）

① 孟子也有类似的观点，参见《孟子·公孙丑上》第六节。孟子指出，所有人都有（或与生俱来地具有）一颗同情之心。可以说，孟子也是道德的情感主义者。但是我们没有理由假设一个情感主义者就必须采取这种过于乐观的态度。我一直在为一幅不那么乐观的图景做辩护，这是基于对某些类型的父

景来说明我们自身的一切[①]。然而，整体的图景也同时将这幅更为平衡的图景在某些方面概括为人类自身生活中最基本和最普遍的东西：事实上，我们是在我们的生活中寻求（非利己主义）生命的广泛扩展，并且这种生命的广泛扩展超出或超越了我们自己的现实境况[②]。

这样的画面也为我们提供了一种方式来批判和反击斯多亚学派关于人性的

母对待孩子所产生的影响的合理假设之上的，但是这幅图景中在任何方面，都没有与道德从根本上而言是对他人的移情地关注这一点相违背的。事实上，我所说的关于虐待或忽视需要爱的孩子会削弱孩子的道德能力这一观点，看起来与情感主义的道德观念是非常吻合的。

最后，让我再谈一谈西塞罗的观点，即父母的爱是所有人类同情的源泉。（参见西塞罗 2001 年出版的《论道德目的》）这就预言了我在这里所说的关于儿童的仁慈和同情是如何发展起来的观点。相比之下，休谟几乎没有怎么讨论儿童的仁慈和同情是如何生长起来或得以加强的。（我认为值得注意的是，在这方面，斯多亚学派对情感的看法应该比最伟大的情感主义者所看到的更加具有现代意义）

① 我认为“我们是怎样的”与“我们都做了什么”几乎完全相同。但后一种说法可能是含糊不清的。人们可能会觉得，它指的是（所谓的）人类生活的目的或意义，而这与我一直在谈论的话题完全不同。说到人类生命的意义或目的，至少暗示了一些更为深层次的神圣或普遍的终极旨意，而我不想在这里假设任何类似的事情。事实上，如果有一位上帝为人类制订了一个计划，那将极大地改变或影响我所提供的人类生活的图景，所以我所做的绝对是基于世俗和不可知论的，甚至是无神论的假设。但是如此一来，人们就可以描述人类生活中最独特和最普遍的东西，而无须提及生命的意义或者被给予的生命，尽管一些神学家可能想要把我在这里所说的话纳入到更为广泛的人类生活及其意义的宗教图景中。

当然，与传统释义下的生命意义问题相比，“什么使生命有益”这一主题在形而上学上的负担要少，这里所说的，很容易就会被认为是对这个更为脚踏实地的，而且是相当世俗的话题有所影响。但是除了指明我在本书第二章“反思生命周期”中所说的关于或多或少地取得成功的成人身份显然与人们在生活中找到意义或认为自己的生活是有意义的各种方式有关以外，我不打算在这里讨论这些潜在的涵义。

② 顺便说一句，即使是阿斯伯格综合征的患者也有归属感，也想与他人合得来。

极端观点[1]。斯多亚学派认为我们可以学会没有爱而生活（就像我们今天所理解的那样），他们认为像爱这样的情感包含了一种可悲的需要，我们应该努力超越它。但是对爱的需要和类似的中性需要使我们超越了我们自己，使我们在某种意义上变得更强大，因此，拥有这些需求并对其采取行动不仅不是可悲的，反而是值得钦佩的[2]。斯多亚学派强调自给自足，把道德高尚的人视为情感上的自我控制和自我限制（甚至是“隐藏”），从我们本质上广泛包容的目的和生活的角度来看，实际上似乎相对缺乏吸引力[3]。

---

① 斯多亚主义认为人类对他人有（基于自我的）理性义务，并不意味着对其他人有任何感觉的需要，但我的论点将表明，与广泛包容性相比，这恰恰表明我们与他人之间的联系没有那么紧密。

我想说的是，与他人或多或少的深度联系，限制或缩小了人类的生活范围。我认为我们应该对此种不具有吸引力的方式持有一种认可态度。

② 在《寻找人的上帝：犹太教哲学》（1955年版）中，亚伯拉罕•赫舍尔（Abraham Heschel）将上帝描述为需要人际关系，并部分地出于这个原因才创造和维持了人类的存在。我不知道是否每一个犹太思想家都会同意这种说法，但是赫舍尔对犹太教的解释肯定与我对斯多亚主义观点的批评是一致的，后者认为需要建立关系是可悲的，是必须避免的。（在此我要感谢与汉斯•克莱因施米特和苏珊•舍普特的讨论）

还有一点，柏拉图、亚里士多德和斯多亚主义者并不认为关系是最高的伦理观念（亚里士多德说人类需要国家，但他的神却是无国籍的）。与犹太教和基督教传统相比，希腊哲学众所周知地淡化慈悲，同情和关怀。犹太基督教的传统似乎是理想化的关系，它也强调关怀等，我认为这不是偶然的，同样，希腊人淡化关系和关怀也不是偶然的。

③ 但是，在我自己关于人的生命的描述中，难道不是有悲观的风险吗？考虑到它强调的是一种普遍存在的动机，因而可作为我们生活的基础？动机意味着欲望，根据许多希腊哲学和佛教（和其他亚洲人）的思想，欲望，特别是与身体相关的欲望，本身是不愉快的，但是，欲望和食欲并不一定被认为是本质上的不愉快，远远不是这样。当一个人满怀期待地面对一顿丰盛的晚餐时，这样做的经历可能是非常愉快和美妙的，即使它也包括食欲等一些欲望，以及对食物或葡萄酒的享受。这一事实在最近几个时期得到了广泛的承认，即使它不知何故没有引起早期思想家的注意。例如，在卡尔・邓克

目前的生活观念也在很大程度上取决于社会科学某些成果的运用。人类能够产生移情和利他主义的观点在很大程度上得到了道德发展心理学的支持。如果尼采和弗洛伊德（或者埃里克森）不承认人类利他主义的存在，对人性和人类的生活过于悲观（我们认为是这样），这至少在一定程度上是因为他们忽视了休谟关于道德心理学的观点，他们也无法接触到我们最近的关于道德发展的心理学文献。（同样的观点也适用于萨特甚至是海德格尔。）因此，我们对人类生活的描述汇聚了许多不同来源的支持，而某些社会科学的经典，特别是心理学，则为我所说的一切哲学提供了一种经验的主干。

最后，我想把这篇文章的讨论带回到本书的第二章中出现的关于我们都必须做出“选择”的讨论，即我们都必须在多大程度上强调人际关系（家庭）和多大程度上强调自我实现 / 个人成就（通常是在某种职业中——但是例如马赛尔·普鲁斯特和艾米丽·狄金森就没有职业生涯）。我已经谈到了内在动机的广泛的包容，它是作为理解人类生活的一个总括性范畴，但如果你还记得，一些广泛的包容模式在本质上是人际关系的：对爱情、归属、尊重等欲望的渴望和行动（成功）等等。并且其他人可以理解的是，这与以各种方式与他人联系的内在尝试无关。正如我们所看到的，掌握事物和好奇心的欲求，了解（有趣）事物的内在欲求，通常涉及一种广泛的包容，这与其他人无关，而是与外在的、

的《论快乐、情感和奋斗》，载于《哲学和现象学研究（1）》（1941 年版）中，特别是第 42 页之后的内容。关于为什么欲望和食欲在古代被视为如此不利的一些推测，请参见我的《从启蒙到接受性：重新思考我们的价值观》（2013 年版）。

大于或超越自我的事物有关。人与人之间的广泛的包容是将他人视为内在重要性的赞扬（对正在进行广泛包容的人来说）；但其他形式的扩展并不（必须）是这样做，而是把事物、事实、障碍、困难、历史事件作为一个人内在的重要因素来对待[①]。

但如果仔细想想，这两种广泛内容的形式或模式大致符合我在“反思生命周期”（本书第二章）中对人际关系和自我实现作为成人身份基础的区分。因此，我们可以得出结论，强调生命的形式——为成人身份提供材料或选择——对应于不同的基本需求，甚至本能，它们共同服务于界定或描述人类的总体生活。（关心他人和对父母报仇的愿望可能并不是基本的，但它们是由生活经历（或神经障碍）对爱的基本需求造成的，并与之相关。）成人身份的选择允许人们更加强调人际关系，在这种情况下，人们将以一种把他人视为具有内在重要性的方式广泛地包容起来。或者，一个人的身份可能强调自我实现，在这种情况下，一个人的广泛包容性将涉及好奇心和对能力和掌控能力的欲求，通常将非个人的事实、挑战、现实或超越自我的事物视为具有内在的重要性[②]。或者一个人可以兼顾自我实现 / 事业和关系 / 家庭，在这种情况下，这两种基本

① 一些广泛包容的形式或实例既涉及到他人的假定重要性，也涉及在某一特定的时间掌握或了解超越自我的事物的假定重要性：例如，渴望真正赢得父亲的尊重，或（内在的）渴望变得真正擅长于政治游说。

② 当然，对掌控和好奇心的渴望往往涉及他人乃至重视他人。但我的主要观点是他们无须如此。因此，强调人际关系或家庭的成人身份必须重视其他人，但强调通过掌握能力和好奇心获得自我实现的成人身份并不一定是这样的（尽管他们通常是这样的）。

形式的广泛包容性将在一个人的生活和身份中占有一席之地[①]。

所有这一切都有一种理想的对称性。人的生活最基本和最普遍的特征，内在的广泛包容的质量，也都涉及了我们个人身份的形成或决定。正如我们所设想的那样，这种对称性包含了在表达他人的重要性和表达超越自我的非个人现实的重要性之间的广泛性，也在实质上体现了我们为获得成人身份而必须做出选择的双重性质。因此，广泛包容模式设定了限制，定义了成人身份的排列和组合，这就更有理由认为，广泛的包容性是人类生命和生活的决定性因素[②]。

---

① 我一直认为好奇心和对能力或对事物掌握的渴望是个人自我实现和成就的基本心理基石。但是，如果一个人希望在某一特定领域实现自己或取得某些成就，那么有一点儿想象力 / 创造力是有帮助的。而且，我认为（例如）攀登珠穆朗玛峰的兴趣会把这座山带入一个人的生活，而不是说这座山因此也成为了想要攀登它的人的一部分，这是更有意义的。对此我在《一种情感主义的心智理论》的第四章中给出了一些解释。

② 在《存在与时间》（第 41-42 节）中，海德格尔谈到关怀是人类生活的基本和普遍存在的东西。（他还将塞内卡的《书信集》第 124 篇作为支撑这个想法的资料）但他的讨论似乎是有意将利己主义和利他主义的问题放在一边，因此，他的理论并没有着重承认中性动机在人类生活中的普遍存在。他也没有提到一个关键论点，那就是人类的生活特征涉及到我们（非利己主义者）对自己以外的人或事物的关注。此外，我们所说的关于广泛包容性，产生于对人类各种基本动机的讨论，在某种程度上，这在社会科学上比海德格尔所说的要更加具体、更具有解释力。

这些观点同样也是哈里 • 法兰克福（Harry Frankfurt）在他的许多著作中对关怀的看法。我不认为我需要谈及所有的细节，但是法兰克福似乎忽略了中性动机和利己主义动机之间的全部区别，参见他的《自主性、必要性和爱》（载于 1999 年版《必要性、意志和爱》）第 134 页。

最后，让我来解释，中性动机，包括将自我以外的东西视为具有内在地重要性，并不总是涉及对自己以外事物的奉献或承诺。为报复敌人而活的人，就是把他自己以外的人当作是重要的，但根本不需要为此而奉献自身。同样地，寻求父母的尊敬或爱的人也不必为任何比自身更广泛的事情而献身（比如家庭利益）。正如我所描述的，如此广泛的包容比向那些较自己更加广泛或更加伟大的事物的奉献更为普遍，无论是个人还是社会的期望，后者都是成立的。

对此我们可以说得更多。此前我一直在用非常笼统的方式来描述人的生活以及它们之间的差异，但现在我认为我们也可以更多地谈论人类生活的与众不同。当然，如前所述，有些人选择强调广泛包容性，把其他人（或动物）视为本质上重要的，而另一些人则通过更多地关注现实、挑战或自我以外的事实来进行广泛包容，还有一些人的生活方式则混合了这些广泛包容的形式。其结果将分别是致力于良好人际关系的生活，或致力于职业 / 自我实现的生活，或平衡和权衡这些目标或价值观的生活。但是，这仍然不能像我们现在所能做的那样，充分地或彻底地使生活个性化。

侦探试图破案，尤其是谋杀案，通常是要寻找有动机、手段和机会的人。到目前为止，我们对人类生命或成人身份的区别的讨论主要集中在不同的动机之上，这些动机将推动不同的生活。但我们也需要考虑手段。一个不是特别聪明的人在人际关系上可能比在职业工作中表现得更好，这会导致他在生活中强调人际关系。但是，尽管不得不说这是很可怕的，一个在身体上缺乏吸引力的人可能会发现，通过职业达到自我实现比通过人际关系更容易（也许——上帝保佑我们——他们甚至被自己的父母所排斥）。这些人缺乏实现某些动机或追求可能性目标的手段，（个人对事实的认识）可能会在某种程度上影响他们的动机。也许，在很大程度上影响到他们的动机的还有机会，比如独自生活在荒岛上的人不可能有良好的人际关系，而生活在经济萧条或衰退时期的人可能无法找到一份能使他们的大量技能或才能得以蓬勃发展的工作。

当然，我认为荒岛的例子是非常极端的，但它，连同我刚才所说的其他事情，都表明动机、手段和机会等是与区分个人生活有关的概念，而不仅仅用于破案（当思考这个问题时会发现，犯罪或破案是某种特殊生活的一部分）在职业和家庭之间，以及在不同的广泛包容性的模式之间的选择，肯定会将人的生活区分为某些大类或类别，而这种选择是通过提及对界定或确定成人身份至关重要的某些动机来实现的。但是，如果我们想要在生活中对更多的个人加以区别，我们就必须引进手段和机会。人们可能选择人际关系而不是事业，但不同的人的选择方式截然不同，尽管有时这将通过更具体的动机差异来决定。比如一个人选择抚养家庭，而另一个人希望保持终身单身并献身于他的学生，动机本身可能会在缺乏实现动机的手段和机会的情况下改变或受挫。或者，在不同的个人情况下，不同的机会或手段可以将给定的动机分流到不同的渠道（成人身份）。

一位年轻的医学专业学生想要专攻脑外科，他在这个领域有很多住院医师职位可供选择。但另一位志向相同或目标相同的人（生活在不同的国家或不同的时间）却因为发现脑外科没有空位，而决定进入其他有住院医师的外科领域。这些机会上的差异也可能会影响动机——如果人们能够满足他们的实际居住条件，那么人们往往会对可用的东西变得更加感兴趣，并最终停止对那些他们不能做的事情感到遗憾或者抱有遗憾（这不需要像说葡萄是酸的那样极端）。手段的差异在这里也有所不同。如果一个人在某一特定的医学或其他专业的相关技能测试中表现得不太好，这可能意味着这个人将无法在该专业中获得特定的机会，而不得不在其他地方寻找自己的特定职业。

因此，我们在这里和以前所说的关于人类生活，能够促使我们做两件基本的事情。它使我们能够以一种非常普遍的方式来描述所有人类生活中最基本、最重要和最共同一致的东西——这就是关于广泛包容性的内容以及为证明其合理性所做的一切能够帮我们做到的。但我们现在看到，我们可以区分不同类型的广泛包容性和不同的强调或组合方式，这使得我们能够将人的生活区分为一些非常广泛的模式：根据是否强调人际关系，是否强调自我实现，或者是否试图平衡或歪曲（或在某些情况下整合）这些目标或生活方式的选择。我们在上一章中所说的关于成人身份的形成，使我们能够在生活中做出这些非常广泛的区分，但是，刚刚引入的对手段、动机和机会的区分，能够使一个人进一步通过相关的事实和观点来区分每个特定的个人彼此之间的生活。因此，我们所引用的概念和我们所做的区分允许我们以非常笼统的方式来看待和表征个体的生活。但是，（我希望）提供丰富信息的方式能够向我们展示所有人类生活的共同之处。不过，就相关事实而言，它们也使我们能够说出每一个人的生活与其他任何人的生活以及与其他所有人的生活之间的区别。既然我们是通过关于动机的想法来区分成年人的身份，通过有关手段和机会的想法来帮助我们理解这些动机是如何在实际的长期的人类生活中发挥作用的，我们由此在每个人的生活之间得出的区别,就比我们想要在所有人类生活之间进行的其他区别更深刻、更深入。

因此，每个人（暂且忘记同卵双胞胎）都有不同的基因和不同的指纹，但这使得我们只能以一种非常肤浅的方式来区分人类的生命。同样，我们可以在出生的时间、地点或青春期上区分所有的生命，但这也不会给我们一个特别有意义或有洞察力的个体生活的区别。但是，由于我们所说的身份形成和人类动机的多样性——利己主义的、利他主义的和中性的——它驱使着成人或发展中的人——而且因为所有这些都必须通过不同的个人机会和手段来完成或分流——我所提议的描述所有个体生活之间差异的方式，在我看来似乎都更多地触及了区分它们的内部的核心问题，而不是上面提到的那些较为肤浅的标准。此外，虽然每一个生命（即使是同卵双胞胎）都是通过遗传和环境之间的相互作用或相交的方式来区别的，但在描述生命时，注重遗传和环境会使人类的生活显得比实际上的要被动得多。而专注于动机以及通过机会和手段将其最终引入生活历程的方式，能够使我们看到我们生活中的积极方面，并且更真实地认识到是什么真正引导了人类的生活方式①。

最后，我想根据我在这里说过的关于广泛包容性的内容，与我早些时候在朝着这一概念迈进时的一个主题做出对比②。我说过，移情地接受他人的态度

① 在说这个问题时，我并不支持关于自由意志是否与决定论相容的辩论（虽然我实际上是一个相容主义者）。相容主义，剥去了它的最基本的框架，说我们不需要采取一些行动的动机，为了在做这件事时算作自由。如果我们有手段、技能和机会去做，那么我们就可以自由地去做，因为如果我们想要或者决定去做，我们就会成功。相比之下，赤裸裸的不相容论者认为，如果有手段、技能和机会去做某事，但在任何时候都没有欲望或意愿去做，那么做事情就不是我们的能力。然而，我认为，在这个具体问题上，双方都可以同意，当我们出于野心或仁慈等动机行事时，我们在很大程度上是积极的，而不是被动的。

② 请注意，我并没有说过广泛包容性是人类生活的独特之处。在动物好奇和需要爱的程度上，它们也是广泛的包容者。（有研究表明，即使食物和安全问题不成问题，老鼠也常常对环境感到好奇。哈里·哈洛表示，如果恒河猴没有被妈妈抱住或表示出爱，它们就会有强烈的负面反应。）

和感情涉及本能和目标的导向问题。然而，当一个父亲接受或如我们所说的那样被他的孩子对集邮的兴趣所感染时，或者当我们吸收或同化我们父母的宗教或政治态度时，这就表明我们在某种意义上以及在休谟的语境下“拥抱”了相关的利益或态度。在这样的情感或联想移情的情况下，我们的接受能力有了某种程度上的非被动性，甚至是有着热切的主动性或愿望的一面。但是，类似的东西也可以说是关于广泛的包容性的。我们的非工具性的和非利己主义的欲求，想要掌控我们的环境或知识领域的欲求，或者对特定的他人（群体）带来伤害或好处的欲求，都涉及我们对自身之外的事物或他人的接受性，以及将它们带入我们自身生活中的愿望。这也是一种积极而有目的的接纳，但是与移情的情况不同，它不仅仅关乎我们由此带入生活中的另一个人的某些方面或状态，而且还在某种意义上关乎其他事物或个人本身。这种语言可能有些隐喻的性质，但我希望并且相信大家会理解我的意思。而且无论如何，上述内容都能够清楚地表明，广泛包容性实际上隶属于或包含于我在最近的工作中非常依赖的接受性主题。[①]

① 我最近在阴阳哲学方面的一些工作试图证明，如果没有明确的定向目标，人们就不可能有接受能力，但请让我把关于对这一点的讨论留给即将到来的阴阳哲学。

附录

第一讲——东西方哲学

我的三篇讲稿都涉及了东西方的哲学问题——在这里，东方被狭义地理解为东亚，在某些情况下，正如文中所示，它仅仅指的是中国。东西方之间的比较可以帮助我们在当代的语境之下理解许多重要的哲学问题，今天，我想从西方人所说的“心智”（mind）和东方人所说的“心”（heart-mind）之间的区别讲起。

1

康德为我们提供了一个先验论证，试图证明空间、时间、因果关系和持存的物理对象是意识统一性的必要条件。他还认为意识是、或有可能是纯粹的：

也就是说，他已然认识到典型的西方哲学范式下的“心智”（mind）是纯粹理性的产物，且不涉及情感。但是，在远东地区的人类心理学并不是这样认为的。在那里，理性与情感从根本上被假定是不能分开的，汉语的“xin”，韩语的“maum”和日语的“kokoro”（均为“心”）都反映了后面的这种假设：这就是为什么很自然地要将所有这些术语翻译为英文的“heart-mind”（心）而不是“mind”（心智）。后一词至少暗示着纯粹理性、非情感心理功能的可能性，这恰好正是在通常情况之下东方的思想所不赞同的。

如果我们能够证明纯粹理性是不可能的，而“xin”（心）等语词比“mind”（心智）更能体现我们的心理特征，那么康德著述中的主要部分就被削弱了，或者显得有些偏离事实了。不过，即使我们没能从康德所做出的假设中学到什么，我们也许仍然能够从康德的方法中学到一些有价值的东西。在这次演讲中，我想首先试着为“xin”（心）等语词而不是“mind”（心智）做辩护，但在此之后，我想提供一种关于“心”（heart-mind）而非 “心智”（mind）的先验论证。我希望向你们展示阴阳是“心”的必要前提和假设：更具体地说，“心”的运作必然具有阴阳结构。所有这些在本次演讲中将是一项艰巨的任务，但是至少出于两个方面的原因来看，这一思路是值得探讨的。当然了，关于这种思路的表述在这里还是略显粗糙：首先，我要提出并论证的是要将东方思想视为在某种程度上与“心智哲学”领域相关，这将会让西方的哲学家们感到惊讶，甚至可能也会让亚洲的哲学家们感到惊讶。从哲学的角度来看，事实证明，在当今这个日益国际化的世界来全面探讨哲学，必须借鉴东方的诸如“心”这样的观念才能够促成哲学的当代进步。第二，如果我们可以证明心理学是理解心的最好方法，而且，如果接下来我们可以证明必须以阴和阳来理解心，那么就狭义的亚洲而言，在这种情况下，特别是中国的概念将被证明可能是对心智哲学的进步具有帮助的，甚至是必要的。西方哲学家将有更多的理由去关注亚洲的思想，即使他们拒绝这样做，亚洲哲学家也将能够利用他们自己内生的概念和观念来进一步丰富他们自己的传统，并且能够把他们自己的哲学融入未来。

我可以向你说明一个可能的原因，为什么到目前为止还没有人专门地来讲述阴阳是心的必要基础。之所以没有人这样做，是因为阴阳在传统上主要被视作物理的属性，正如冷与热、女性与男性、黑暗与光明、湿与干。这些性质被用来对自然现象做出典型物理（proto-physical）层面的解释（可能与古希腊人所追求的物理 / 生物的解释相类似），当然，即使在今天，这种思想在中医、风水，以及养生学中也有一席之地。东亚的许多知识分子质疑对阴阳的应用，再加上主要的物质概念在历史上与阴阳相联，这些使得有东亚（文化）根基或东亚公民身份的哲学家低估了阴阳的潜力（当然，西方哲学家通常也不会对阴阳感兴趣）。

现在，不要问我这个“特殊的西方哲学家”，是如何看待阴阳在哲学中具有重要性，以及我是如何以“xin”“kokoro”和“maum”这样的语词来加深我们对于心理学的正确认识的。我是可以详细说明的，但这会占用我诉说主要论点的时间。所以还是让我来继续讲解哲学而省略自传。首先，我想谈谈“maum”等被视为“心”的观念。我将论证心是一种比心智更能代表人类心理学的基础层面的东西。然后我会向你们展示一个被更新了的关于阴阳的概念，这种阴阳概念借鉴了历史上的阴阳的某些方面，但同时也揭示了那些我认为在传统的中国或东方世界有关阴阳的思想中已经被深深地埋藏或影响的事物，这些事物正有待被别人挖掘出来，它们能够解释我们的心理学何以可能是并且必须是一种“心”的心理学而不是一种（纯粹的）“心智”的心理学。

2

西方以一种过于纯粹的方式来看待心智，但有人可能会反对，认为西方也像东方一样允许情感进入心灵。然而，这其中是有区别的。对于西方人来说，心智可以包含情感，但并非必须如此。这意味着西方的心智与心不同，因为心的观念清楚地蕴含了或至少表明了心智和情感是不能像西方所设想的那样分离开的。除了某些德国浪漫主义者之外，西方哲学家们普遍认为，心智可以在纯粹的知识的基础上发挥作用，而推论、证明、直觉、批评和推理（无论有效与否）都可能在没有任何情感的情况下发生。这正是在诉说“kokoro”等概念时所没有假定或预设的前提。所以我想表达为什么我认为西方的思想在这些关于人类（或任何其他）的心理学上的观点是错误的。

从西方分析哲学的观点来看，心智有两个方面的基本内容或基本组成部分：欲望和信念。心智中的某些其他内容（如梦想、空洞的想象、毒品引起的幻觉、强迫性的念头，以及像抑郁和狂躁这样的情绪状态）都自然地被认为与作为一种功能实体的心智不相关。但那些我们所认为的功能性的心理状态或行为都涉及欲望或信念，或两者兼而有之。因此，计划和意图不能在没有欲望的情况下存在，但它们也必然建立在信念的基础上，我想我们也可以说，像推理、直觉和批评这样的智力活动都是以信念的存在为前提的。所以，如果我可以告诉你，欲望和信念都需要情感，那么一种心智可以在没有情感的情况下并且是在严格的理性或智力基础的原则上起作用的观念就将被证明是错误的，这就能够证明，“maum”“kokoro”和“xin”是作为看待和指涉人类心理的更现实的方式。首先来谈谈信念，因为信念是最难以破解的。信念如何涉及情感呢？这难道不是纯粹的认知吗？

我更希望这些问题能够从西方哲学家那里得到答案，而不是从根植于东方思想的哲学家那里。台湾的哲学家李信文（Hsin-wen Lee）曾告诉我，当她第一次听说西方思想家认为信念纯粹是认知的并且不掺杂任何情感因素时，她感到多么惊讶；而日本哲学家早川清辅（Hayakawa Seisuke）曾经对我说，当日本哲学家首次开始将分析哲学家的著作翻译成日语时，他们不得不发明一个新词来翻译英文单词“belief”，以便对西方的深层假设做出判断：信念是纯粹的认知性的并且是不掺杂任何情感因素的。在此之前的被用来翻译英文中“belief”的语词包含了太多的含义，而不仅仅是呆板的知识性的。所以，我想亚洲学者也许不会向我提出如下两个问题：信念如何涉及情感？这难道不是纯粹的知识性的吗？既然西方的分析哲学家们曾经或即将提出这些问题，那么（也许因为我本人就是西方人）我希望能够用自己的方式来回答西方的问题。也就是说，我想提出一些论证，这些论证将会或者应当能够让西方的思想家们相信，他们对于信念可以被排除在情感或情感的影响之外的认识是错误的。

这些论证是什么呢？让我尽可能简洁地说出来。首先，有些语言事实似乎完全被忽视了。当你相信一个给定的假设时，你会更加偏爱它而非其他选项，对于任何一个你认为是正确的命题而言都是如此。一个人在认识论上支持这个命题，或者说，倾向于认为它是正确的，而不是那些已经提出的或者在其他方面很突出的替代性选择。我们应该认真对待这种语言上的偏爱，从字面上来看，这种语言意味着一种情感，就像当我们说某人偏爱他的一个侄子胜过另一个侄子，或者是某人偏爱一个政党胜过另一个政党一样。为什么在假设、预想等情况下，主张偏爱的说法是具有比喻意义的，而在侄子和政党的情况下就是字面意义呢？我们知道，人们能够对抽象的实体产生情感：不仅要考虑柏拉图对善的形式的态度，还要考虑我们很自然地说我们不喜欢某种理论或方法。我们是更高层次的存在，其中一部分就包括在面对事物的时候有一种情感的能力，这种情感不是针对我们当前的环境，也不是我们通过感官体验到的东西。

说到这里，我们需要去明确一个区分。当我们说某人在认识论上倾向于某一假设或命题（包括他们对世界的整体理论描述）时，我们并不是说他们对其存在的真实性感到快乐。例如，某个男人从过去直到现在都不喜欢他的妻子对他不忠，但尽管如此，他可能会在认识论上支持妻子已然对他不忠的假设，并在此基础上申请与她的合法离婚。

还有其他语言上的迹象表明，信念在一般意义上和一般情况下都涉及情感。否则，我们为什么会如此自然地谈论和思考捍卫我们的信念，使其免受异议或怀疑——就好像我们把它们视为宝贵的财产，需要防范贬值或破坏一样？（在后面这一点上，我要感谢早川。）然后是信念和信心之间的关系。当我们说我们相信某件事的时候，我们并不会自动地对自己所相信的事情充满信心：我经常相信天气预报，但我通常不相信它们会变成现实。（我的《兰登书屋》（*Random House*）字典将信心形容为“坚定信念”的状态）因此信念似乎只需要比实际的、积极的信心本身所能做到的程度低一些就足够了。当我们单纯地以这种方式将信念置入信心中，难道我们不曾暗示着：如果信心如此，信念则涉及一种认知上的情感吗？现在每个人都认为信心（甚至像更强的确信概念）是一种认知情感或感受，那么为什么不对信念持有同样的看法，将其视为对某个观念或命题含有了一种较弱的（积极的）认知情感呢？

再提两点，它们涉及心智哲学的问题。信念涉及情感的一个指标是：即使是微不足道的信念也可能成为强烈情感的主题。相信帝国大厦位于纽约市这对我而言并没有多大问题，但如果有人突然否认这一点，例如，某人认真讨论起“纽约”就是“帝国州”（Empire State），所以帝国大厦必然位于奥尔巴尼，因为帝国州的首府是奥尔巴尼，我想我会很生气或沮丧。我认为，我们带有情感地参与了我们的信念，而且我认为这就是为什么强制性地否定我们的信念会引起我们情绪上的反应的最简单解释。

同理表明，信念绝不仅仅是区别于一种呆板的纯粹的认知 / 知识状态这么简单，事实上与信念相关的各种命题是关于意义、目的的思考和行动。如果我饿了想要食物，但发现房间里没有食物，那么（假设不可以点餐），在其他条件相同的情况下，这将导致我离开这间房子去寻找食物或是去一家食品店。但是，如果认为家里没有食物的信念是无行动力的、纯粹认识上的，一旦获得了这一信念，那么为什么它就不应该只存在于头脑中，或者不需要采取任何行动，例如离开房间？然而事实并非如此，认识到家里没有食物会让人产生对食物的欲求，这是有原因的，而且某种东西必须是一个因素或事实，而不是严格意义上的认知或无行动力的。如果我们假设房间里没有食物的信念不仅是一个理论实体，而且还有情感方面的意义，那么我们就可以对我们有关食物的案例做出解释。如果认为那里没有食物，那么就主张无论是出于理论还是实践的目的，那里都没有食物，这将有利于解释为什么当食物的欲望产生于我们的思想内部时，信念不仅仅停留于我们的思想，而是以工具理性或者行动的形式去实现这种欲望。

希望你们能和我一样，相信信念通常需要某种认知情感。因此下一个问题就是欲望，即功能性的思维或心理的另一个基本要素，是否也涉及情感。如果我想成为某个俱乐部的一员，但是我却不被其所接纳，那么我会感到失望；如果我能够被接纳，我就会感到高兴，甚至是兴高采烈。这些正是情感，它意味着在这种情况下，欲望涉及了情感并且被作为一种正在发生情感的倾向。这是在该种情形之下欲望或信念涉及情感的唯一意义，即性情。然而人们可能会质疑是否每一种欲望都涉及这种情感的倾向。

仅仅考虑偏好。比起卡布奇诺冰淇淋，我更喜欢椰子冰淇淋，但它们都是我的最爱。如果一家商店只有卡布奇诺口味的，我不会因为买不到椰子的而感到失望，反过来也一样。这难道不是一种不涉及情感的欲望吗？我想“欲望”这个词在这里可能太强烈了。这就是为什么我说仅仅是偏好。单纯的偏好不会像欲望那样导致失望或兴奋。但这又引出了另一个问题。如果仅仅是偏好不涉及情感（性情），我是否还可以说特定的或某一个作用着的心智的每个基本元素都涉及情感呢？

我想可以。我不认为单纯的偏好应当被视为心智作用的一部分，因为其不会产生计划，甚至不会产生意图。我的“自传现象学”（autobiographical phenomenology）告诉我，我从来没有计划或打算过要买椰子冰淇淋而不买卡布奇诺的，尽管我在某种程度上意识到，如果两者都有的话，我总是会选择椰子。从这个意义上说，单纯的偏好，就像单纯的愿望一样，不会像欲望那样与心智的其他认知器官互动。所以把它想象成不属于心智功能的一部分是有意义的，这意味着任何可能的心智功能的两个基本要素都涉及情感（的）倾向。这直接违背了西方的观念，西方的观念认为，心智能够以纯粹的知性的、理性的或认知的方式存在和运作，而不需要任何情感（性情）的参与。由此可见，西方对人的心理概念以及“心智”一词本身的理解是不正确的，我们需要像“maum”“kokoro”和“xin”这样的术语来表达什么是心灵的本质，什么是任何心灵都必不可少的东西：认知活动不能与情感分开，并且情感能够渗透到任何起作用的心灵中。因此，所谓的心智（mind），其实不是心智（mind），而是心（heart-mind）。但是现在我们必须要了解，所有起作用的心（heart-mind）是如何以及为什么一定与阴阳相关。

3

关于“maum”“xin”或“kokoro”的阴阳基础的论证基于两种观点。首先，正如我们已经证明的那样，我们的心理功能必然且普遍地涉及情感，因此必然是心，而不是（潜在的）心智。其次，我们需要证明，在一个运行良好的心灵之中，所有的情感都有一个基本的阴阳结构。但为了在我的整个论证中展示第二个基本要素，我需要谈谈阴阳是如何在哲学上相关的。事实上，据我所知，中国、韩国和日本的哲学家在过去几千年的历史当中，直到现在，对阴阳概念的哲学研究都很少。孔子和孟子并没有真正地把阴阳纳入他们的伦理思想中，而且，除了新儒学时期的某些例外，直到今天，中国哲学也仍然如此。正如我之前所说，这在很大程度上可以通过阴阳概念的纯粹物理性来解释，因为它们在古代中国被应用于自然现象。但正如我现在想向你们展示的那样，这些观念中蕴含了一种更为纯粹的哲学性的东西，我们可以用它来理解人类的心理。如果要与当今的哲学（无论是东方的还是西方的）产生关联，阴阳的概念便需要更新，从历史上来看，我们至少已然得到了一种关于这种更新是如何合理而有效地发生的线索。

阴阳的概念并不总是只适用于描述事物的纯粹物理性方面。寒冷和温暖、黑暗和光明、潮湿和干燥看起来都完全是纯粹的物理方面的，但阴阳最初也被解释为女性和男性，这种概念就不纯粹是物理的。它们的应用是基于心理差异，而不仅仅是生理差异。董仲舒看起来是第一个把儒家思想作为传统中国的官方意识形态来加以推广的人，即便不是第一个，也是先行者之一。董氏以一种前所未有的方式将阴阳运用到伦理学之中,他将女性和男性进行了伦理上的对比:男性的阳以他们的仁慈为特征，而女性的阴则以她们的卑鄙为特征。这当然是一种伦理上的应用，但它似乎与本质上归因于女性的卑鄙小气有关。这说明，卑鄙的精神不仅是女性的道德价值或道德恶习，更重要的是，在不损害董氏思想的前提下，董氏认为仁慈是男人的（道德）价值，或根本上只是男人的价值，这一想法似乎已不合时宜。比如母爱和妻子的奉献呢？但是，即使董氏在细节上是错误的，也不必完全放弃采用阴阳两用的思想，以带来符合伦理道德的特质。我们只需要找到一种更公平的方法来做到这一点，我认为我们可以做到。

自古以来，阴阳就与董氏所谈的伦理品质联系在一起。阳被认为是一种力量，这种力量不仅被理解为身体力量，还包括某种心理力量。人们对阴的多种解释似乎都与伦理有关,但这并不都意味着像董氏那样对女性有所伤害。当“阴”被翻译成英语时，突出了三种不同的翻译：阴可以并且一直等同于被动性、适应性或柔顺，以及接受性（所有这些都让我们超越或脱离了阴的物理特性，如潮湿和黑暗，尽管我知道有些人也想在这里建立联系）。但是我认为有理由选择接受性而不是其他概念来更新我们在哲学上使用“阴”的方式（以一种未被注意到的方式）。接受性与隐含或包含在阴的观念中的事物有关，早在《易经》中就有所体现。如果用阴来从事广泛而有建设性的哲学工作，那么它就必须比柔顺的概念具有更广泛的应用，而且它必须更加明确地比适应性或被动性所代表或例证的任何一种价值都更积极。相比之下，接受性不仅具有明确的积极内涵，而且在我们所重视的事业中有着非常广泛的应用。接受别人的思想和感受，包括对他们的移情，即使他们一开始不同意自己的观点，也要对他们的观点保持开放的态度。接受能力还包括对未来的开放性。如果某人必须提前计划好一切，这是一种对未来的非理性焦虑的表现，但如果一个人对任何事情都没有计划，在某种程度上随遇而安，那么他就会接受自己的未来会给自己带来的一切。而且，接受周围世界的美丽和丰富，而不是不得不控制或主宰自然，这也是我们西方人已经开始积极重视的价值。

因此，我想说的是，接受性可能是广泛和有价值的，阴的概念可以为我们提供思路，足以支持做我所从事的哲学。因此，阳需要被理解为对阴的基本互补（尽管我知道在一些传统中阴和阳被认为是对立的）。刚才提到的非物理力量在某种程度上与传统意义上的阳有关，但我想再次使用一个更普遍的概念来捕捉或揭示一种广义的阳，这种广义的阳与广义的阴互补（而不是对立）。我想指出，更一般的概念是直接的能动目的概念（即被认为包含但不限于目的的力量）。这种"阳"的观念与所构想的接受性的阴一样，都可以在《易经》中找到源头。这两个被广泛关注的互补性概念最终被证明与大脑功能的情感状态有关。让我从"同情"开始给你举一些例子。

关于同情，我们有很多不同的说法：它是一种感觉，是一种美德，是一种动机，当然，它也是一种情感。这四种含义之间有歧义吗？我不这么认为，刚才所提出的更新了的阴阳观念可以帮助我们理解原因。同情是通过移情来实现的。如果一个人帮助其他人是出于纯粹的责任感，这就不属于同情，而是尽职尽责。同情需要与他人建立情感上的联系，是一种对他人感受的强烈的感觉。

但是当一个人在情感上感受到另一个人所感受的痛苦时，那么此人就不仅分享了他们的痛苦，还分享了他们痛苦的意向对象。想想一位父亲，他移情地被女儿对集邮的热情所感染（就像我们说的），他所接受的就不只是一些漫无目的的积极的感觉，而是女儿对集邮的积极感觉。如果他女儿对那个意向的对象有积极的感觉，那么他也会开始产生这种感觉。

再转到另一个例子，某人移情地痛苦地感受到他怀中的另一个人的苦难。一个人会因痛苦而痛苦，而不仅仅是处于某种消极的不快乐状态。但是想想这意味着什么？如果一个施予者因怀抱着的人的痛苦而痛苦，那么最终他们就会有某种欲望、某些动机来摆脱或减轻这种痛苦。但在这种情况下，如果一个人移情地接受了另一个人的痛苦以及与他们的痛苦相关的意向对象，那么他就会对他们的痛苦感到痛苦；再一次，最终人们将会有一些动机来减轻或终止他们的痛苦。这显然是利他动机，它将引领人们试图去帮助他们，除非有其他动机（如来自某些第三方的突然危险）具有压倒性或抢占了原有的利他动机。

这幅图景向我们展示了早先提及的移情的四个方面中的三个。当一个人移情于另一个人的痛苦时，他就会感受到那种痛苦，就像比尔·克林顿（Bill Clinton）著名的说法那样，他会感受到别人的痛苦。这就是作为一种感觉的同情。它也被视为一种情感的同情，因为痛苦，无论是处于自己的痛苦之下还是处于别人的痛苦之下，显然都是一种情感。然而，我们也看到，由于有某种给定的意向对象而使自己痛苦或移情某种情感，富有同情心的人也希望帮助结束或减轻对方的痛苦，这就是所谓的作为动机的同情。这个例子也说明了同情是一种美德。当同情作为一种充满情感的移情，以及作为一种动机的同情在我们所描述的情况下共同作用时，我们就有了作为一种道德美德的同情。但这仍然没有回答“同情”是否是含糊的问题，我们现在应该转过来谈谈这个问题。

当某人移情于另一个人的痛苦时，他们会以一种相当直接的方式敞开心扉来接受这种痛苦。移情通过熟识他人的感受来给予我们一种特殊形式的知识，这种知识形式与我们根据一个人的行为和话语所取得或将要拥有的知识（按照伯特兰·罗素意义上的）形成鲜明对比，与我们只是以一个人的行为和话语为基础进行猜测或推断他们是否处于痛苦状态形成对比。因此，同情的一个要素是一种接受能力，它使我们立即了解另一个人的内在现实，就像当我们在感受到他人的痛苦的时候。但是如果一个人没有痛苦的情绪，他就不会有痛苦的感觉，如果一个人没有感受到这种情绪，那么很明显，他就没有感受到别人的痛苦，也没有完全接受他们的感受。除此之外，目前最重要的一点是，一个人移情地接受的东西必须包含另一个人的感觉或情绪的意图对象，这是最重要的一点。因为正如我们刚才所看到的那样，如果一个人对另一个人的痛苦情绪感到痛苦,那么这个人事实上就有动机消除或减轻另一个人想要消除或减轻的痛苦。所以我们在这里所描述的全部的接受性与一个人在实际上以某种特定的方式帮助他人的动机是不可分割的，这意味着一个人在这种情况之下体现或例证了一种定向的主动目的。

现在也许你们能够看到我的理论方向了。接受性就是我所谓的阴，定向的主动目的或心理冲动（例如一个人不睡觉）就是我所谓的阳，因此在我所描述的情况下阴和阳都得到了体现。抛开其他不谈，在上述情况下人们会具有同情心。这是一种同时包含阴阳的情感，但不仅限于阴阳。通常阴阳被认为是相辅相成的（看看互联网上的阴阳符号），在上述情况下，不仅阴阳都存在，而且我们也提出了一个论据来表明如果在同情的感受中有阴，那么同情的动机中的阳也必然存在。换句话说，正如我们所看到的，如果情境是一个人通过移情来完全接受另一个人身上正在发生的事情,那么这个人就会自动地获得特定的(定向的）动机 / 目的。因此，在这种情况的阴面，即同情的接受和感觉方面，自动地包含了它的阳面，事实上它涉及的不仅仅是指向特定目标的纯粹潜在的动机 / 目的 / 冲动。

此外，没有阴情况的阳是不可想象的。同情作为一种动机代表了同情的直接的阳性目的，但是如果一个人没有或未曾接受另一个人的感受，那么这种动机就不可能存在。如果一个人不那么乐于接受，那么他可能会觉得是自己有义务要帮助另一个人，但这并不是把同情作为一种动机、一种美德或任何其他东西。另外，如果一位精神病患者不能感受到别人的感受，那么假使这位患者帮助了别人，那只能是出于同情之外的原因（比如自利）。因此，同情的阴阳两面可以说是相互依赖的，在这个基础上，同情的美德可以说是代表了或构成了必要的相互依赖。因此，没有理由说“同情”是模棱两可的。相反，我们可以说，同情的所有不同方面都有平等的权利被称为是同情，因为它们彼此关联。同情是一个整体，不同的方面必须和谐地结合在一起，而我们使用术语“同情”一词来自由地指向所有不同方面，并且当我们这样做的时候不会受到歧义的困扰。同情是一个单独的统一现象，这是一种隐约的认识，其中部分处于必要且不可分割的相互关系中。然而更新阴阳以及把阴阳理解为不可分割的阴阳统一体能够帮助我们看到这一切关于同情的情感。因此，我们有了第一个范例，只有像我们现在这样理解阴阳时才能完全理解一种情感。

因此，让我们考虑另一种情感，一种不一定要指向他人的情感：恐惧。想象一下，有人正在一栋着火的大楼里向外逃跑。如果火灾对他们（生命）构成危险，那么除非逃生途径相当简单，否则他们很可能会感到恐惧。然而，我们假设并没有这种简单的途径。走出大楼只有一条路，火势凶猛并迅速蔓延，唯一能让人逃生的门很难打开。那么，几乎可以肯定的是，人们会对火灾产生强烈的恐惧（以及打开那扇门的强烈愿望）。与同情一样，我认为这种恐惧的情绪必然包含着不可分割的阴和阳。恐惧是基于对周围发生的事情的（非移情的）接受性能力，但也包括做特定事情的愿望。如果某人看到火从一个特定的方向烧来，他就会被激发往另一个方向移动。如果某人发现唯一能让他逃生的门很难打开（卡住了），他为了推开门就会格外地用力。所以一个人具有把他自己引向特定方向的积极主动的动机，但是这种动机真的是根据他对周围环境的了解和对自己能力的了解而做出的反应吗？（一个人可以足够强大来推开那扇门吗？）因此，我们看到，在这种情况下产生的恐惧中包含着接受性和直接的主动的目的，很明显，它们是不可分割的。除非某人已经并且仍然能够接受正在发生的事情（阳涵盖了阴），他才不会感觉到恐惧，否则如果他没有动力甚至被强迫去做某些事情来逃避时,那只可能是因为不能完全接受周围所发生的事，也不能完全接受这件事所蕴藏的危险（阴就意味着阳）。例如，如果一个人没有以直接的方式行动，那可能是因为他一直在睡觉，而且仍然很困，无法准确或专注地监视或衡量周围发生的事情。所以恐惧包含了阴阳之间不可分割的关系。正如我之前提到的，火灾的情况还涉及了强烈的逃生欲望。人们不只是喜欢逃避现实，就好像在某个偶然场景中，人们面临着要从两种最喜爱的口味的冰淇淋中选择其中的一种；相反，一个人想要逃避，且非常重视逃避，这样的愿望可以被视为一种情感（它肯定充满了情感）。就像恐惧一样，对逃避的重大的情感关注有阴也有阳，它们出于相同的基本原因必然地联系在一起，我们发现这确实是在上述情况下人们对自己的生命所感受到的恐惧。

同样的道理也适用于其他欲望。如果一个人渴了想要喝水，那只能是因为他感到渴了：例如，他的喉咙会很干，然后他就会用一种导致他想要喝水的方式来操控自己的身体。因此，口渴是建立在对自己身体状态的某种认知的接受性能力的基础上的，但随后它也由喝东西的欲望构成，通常是喝水。如果某人脱水了，但又不想喝水，那可能只是因为他们没有进入或接受到通常会激起喝水欲望的身体感觉（这可能是一种不寻常疾病的征兆，例如狂犬病）。因此，阳性欲望的缺失证明了某些认知事件的缺失，这意味着，相反地，构成一个人对身体正在发生的事情的接受能力的认知事件与类似于口渴和喝水的欲望是密不可分的。但反过来，如果没有对身体指示的接受性或敏感性监测，就不会存在口渴。一个人可能不是因为口渴而喝水，但如果是口渴导致了喝水或想喝水，那只能是由于身体给出的暗示或信号激活了这个人的认知接受能力。因此，口渴时，阴阳就必然既同时存在，又相互依赖。

最后，我以信念为例来说明阴阳。我之前说过，信念涉及认识论上对某个命题或假设的偏爱，而不是对与之矛盾的其他命题或假设的偏爱，但似乎信念所涉及的内容不仅如此。如果是这样，那么信念就是一种基于特定种类的理由（知识或证据等）针对特定对象的一种情感。因此，我是否已经准备好论证信念也具有阴阳结构了呢？是的，并且实际上，我已经为该结论提供了论据。我们已经看到，如果我们想要解释信念在手段、目的或工具性语境中的功能作用、有用性，那么信念就不可能被认为是纯粹的知识 / 认知。但信念还涉及对世界和他人的感官信息的接受性。人们认为没有食物的房间既具有接受性，也具有对世界的敏感性，对个人感官数据的敏感性，这就是为什么分析哲学家经常把信仰描述为一种从心灵到世界的契合方向。因此，家里没有食物的信念既有接受的一面，也有直接目的性或积极主动的一面。它记录了一个人的感觉，告诉一个人关于他的房子及其里面的特定物品（比如橱柜或面包盒）的情况，但它也参与了一个人对食物的所有渴望，从而导致 / 激励一个人朝着一个特定的实际方向行动（离开这所房子）。重申一次，这是阴阳，由于我们前面的例子中提到的所有原因，我们也应该清楚，信念的每一个要素或每一个方面都需要对方。

因此，信念是情感的一种形式，也是一种阴阳元素，或者说是心灵运作的组成部分。此外，我认为类似的推理可能会表明，心灵正常运转所涉及的所有情感都具有阴阳结构。当然，这里为其他一些情感不能被阴阳所表征留有可能性。但目前的观点不至于对此感到不安。愤怒可以说是一种非功能性的情感，如果条件允许，我想我可以向你们展示愤怒的非功能性是因为它既不代表阴也不代表阳。对于躁狂和抑郁之类的情感也是如此，但所有这些都与我想在这里展示的完全一致。我们拥有心而不是西方的心智，这一观点在事实上已经得到证明，即一个正常运转的心智或心理的所有要素都必然涉及情感，而我们现在已经看到，这种情感就其本质而言涉及阴阳结构，并由其所构成。因此，如果我们的哲学偏好将心而非心智视为功能心理学中的情感的普遍性，那么它最终是基于阴阳的，并且在阴阳的层面上能够更为容易地被理解。

考虑到以下事实，结果是令人惊讶的，即中国思想家从未明确地确定过心与阴阳之间的这种联系。 但是，也许尽管没有先例，目前的论点仍然将说服亚洲的哲学家们重新思考或重新审视他们关于心的观点。心是在远东地区的内生的，阴阳也是如此。因此，基于英文与中文的区别或互补关系（在此之前没有人试图把“阴”和“阳”翻译成英语），我们可以将自己理解为思维和感觉的生物，这可能引出我们的最初的感觉（antecedent sense），中国和东亚的哲学传统在今天能够给我们带来很多启示，我希望这种观念的分享能够在亚洲的思想家和一些西方的思想家中普遍流行。大多数西方哲学家还尚未意识到这一点，但我希望目前的论点能有助于改变他们这种态度。即使没有，我认为，中国和其他亚洲哲学家也应该以相信他们所具有的哲学启发性的方式前进。我希望我在这里已经说服了你们，阴阳可以提供一个重要的哲学启示，东方可以把它带到西方并创造自己的哲学的未来。

但现在，一个大问题。我曾经说过，阴阳是心运作的基础，但这并不能说明或还不能说明在心之外的自然界的阴阳。我没有时间在这里深入讨论这个问题，但让我简要地谈谈我现在的思考方向。我相信我们在这里所了解的阴阳在心以外的自然界中具有一定的作用或地位。如果是这样，那么阴 / 阳就可以在整个宇宙中普遍存在，这将在一定程度上为中国传统的相关观点做出辩护。西方哲学历来处于二元论与怀疑论的两难境地。二元论是西方标准宗教信仰的重要组成部分。西方宗教信仰认为，上帝与我们人类居住的世界是完全分离和完全不同的。西方的怀疑论拒绝宗教的二元论，而倾向于对人类了解世界的能力以及对世界（我们可能想要的任何保证）将以一种有序和熟悉的方式继续进入其（和我们的）未来持怀疑态度。康德以《纯粹理性批判》来应对这样的怀疑，尽管他最终以物自体和我们所知事物的方式来解释二元论，但是这从心理上也许和西方对上帝与世界之间关系的解释十分相似。

而在二元论和怀疑论之间，我们可以找到另一种选择，那就是中国传统对宇宙以及我们在宇宙中的位置的思考。中国人认为宇宙是一个和谐的整体，我们与自然、与天的关系也是和谐的。他们没有对这种关于事物的乐观观点进行哲学上的论证，但我最近一直在思考，我们可以在哲学上支持这样一种乐观的、和谐统一的宇宙信念，至少部分地可以通过阴 / 阳普遍存在于自然和心中来理解。我没有时间进一步解释，但是如果这个新的方向是可行的，那么阴阳就可以被用于哲学目的，在某种意义上，它比我在这次演讲的主题中所提出的任何东西都重要，并且更加崇高。但是，要兑现这一主张将是另一番尝试，这是另外一回事。

第二讲——东西方道德修养：一种批判

在西方哲学和儒家伦理传统中都普遍认为，人可以并且应该能够培养自己的善恶行为，但我希望阐明的是这种观点在心理学的关键方面是不切实际的，也是值得怀疑的。我将首先讨论儒家传统中关于道德修养的看法，然后讨论西方哲学家——最有影响力的亚里士多德和康德——在关于使自己变得善良或邪恶的问题上的认识。但自我修养或自我塑造只是人们可能构建道德发展或道德教育的一种方式，我想先简要介绍一下（西方）有关道德发展的最新理论。

1

让我们首先谈谈劳伦斯·科尔伯格的“认知发展主义”（科尔伯格，1976）。科尔伯格的方法在很大程度上来源于让·皮亚杰的思想，而皮亚杰和科尔伯格都把新康德主义中道德的教与学从本质上视为一个认知过程。科尔伯格认为道德的发展和论证经历了三个基本阶段：前传统阶段、传统阶段和后传统阶段，达到最后一个阶段的特点是能够用一般的或抽象的原则来思考道德问题，比如康德的“绝对命令”。但是科尔伯格关于道德思维如何发展的叙述并不能很好地解释道德动机的起源和发展，（越来越高级的）道德禁令和原则告知我们应该做的事情的动机。许多批评者已经提到了这一点，科尔伯格本人也承认，纯粹的认知发展并不能确保形成牢固的道德动机。他甚至把移情说成在某种程度上涉及（人们）从道德规范的认知转变为可靠的道德动机，但他从来没有把这些都讲清楚。这里要说的是，无论是在道德动机方面，还是在道德教育如何最容易发生的方面，移情都给我们提供了最好的产品。

如今，说英语的人倾向于以一种相当统一的方式区分移情和同情。简单来说，移情是当比尔•克林顿（Bill Clinton）说那句名言时自我总结：我能感觉到你的痛苦。但是同情是指对那些处于痛苦中的人感到难过，并想要做些什么或希望看到有人为此做些什么。一些更成熟的移情“技艺”取决于我们对某些概念的掌握，以及更普遍的娴熟的认知和学习。就目前的目的而言最重要的是，许多当代心理学家认为，我们的利他主义和普遍的道德倾向依赖于移情并通过移情而得到加强。现在让我更具体地谈谈他们如何看待这些问题。

我相信，心理学家马丁·霍夫曼（Martin Hoffman）迈出了理解移情在道德发展中作用的第一步。霍夫曼认为，利他主义道德动机和行为的发展需要父母和其他人的干预，利用其所谓的“引导原则”或者通常的“引导”。引导与“权力主张”相反，前者试图通过纯粹的威胁（如果孩子不服从）来约束、训练或影响孩子，后者试图（仅仅）通过引用或训诫明确的道德戒律或禁令来灌输道德思想、动机和行为。引导训练取决于孩子对他人设身处地（移情）的初始能力，包括父母注意到当孩子伤害他人，然后（以非威胁但又坚定的方式）让孩子清楚地意识到他所造成的伤害——最重要的是让孩子专注于并感受到他们所伤害的孩子所感受到的事情，这会使得与父母关系良好的正常孩子对自己所做的事情产生不好的感觉——感到内疚——的一种基本的内疚感。

霍夫曼认为，如果这种训练方法随着时间的推移持续不断地应用，孩子会将不良感觉（内疚）与其可以做出伤害行为但还尚未完成的情况联系起来，这种联系独立于父母或其他人的实际干预所产生的作用，构成或支持了利他主义动机。他还认为，当这些（最终）指向孩子时，这个过程有助于支持道德规则和道德禁令的动机效力。此外，他提出，类似于引导的教育技巧可以增强或加强孩子对他人的移情和关心。父母和学校都可以让孩子接触到文学、电影或电视节目，使远方的或其他未知（群体）的人的烦恼和悲剧能够更加生动地呈现在他们面前。他们可以通过要求学生 / 孩子想象这些人或某些家庭成员一旦发生这样的事情或者假设他们自己是否已经致使这些事情发生在他人身上，来鼓励他们对这些人产生移情。

但是，移情在引导和道德教育中扮演着另一种角色，这是霍夫曼从未提到过的。当父母使用引导方法时，他们对（比方说）被自己孩子伤害的孩子表现出移情的关心，事实上，没有理由认为孩子不能直接从父母那里接受这种态度或动机（艾森伯格，1992）。休谟（在《人性论》和其他著作中）认为，人的基本情感可以通过感染或灌输传播给他人，但他也认为道德观念和态度可以通过这种方式传播。因此，大多数情况下，引导不仅会使父母刻意让他们的孩子对他人的幸福和感受产生更加移情式的敏感，而且还会让孩子通过一种移情式渗透直接吸收父母对他人的移情关注。（父母作为孩子的榜样，但是孩子可能没有意识到正在发生的这种情况。）孩子对父母态度或倾向的接受可能不仅限于采用引导的方式，而且还会发生在当孩子注意到他们的父母是如何移情地帮助他人时，也会有这种情况的发生。因此，至少有两种重要的且可理解的引导和模仿方法能够加强对他人的移情式关注，并进一步推进道德教育的目标。但请注意，这两个过程都不涉及刻意或有意识地提升修养或者是孩子的自我塑造。

但是，我们现在需要思考在亚里士多德传统下道德教育是如何发生的。亚里士多德主义（以及以美国为主体的“品格教育”学派，该学派以某种方式衍生于亚里士多德主义）认为，任何一个人的道德教育通常都需要来自他人的大量投入。但亚里士多德强调的是习惯，强调重复和习惯性活动。根据亚里士多德的观点，父母可以让他们的孩子在各种情况下做正确的事情，然后（以某种方式）发展理性的洞察力，在孩子不再受父母监护后，良好的习惯会促进和激励孩子做出正确的行为。

然而，父母强加给孩子的习惯或重复实践似乎更多地是一种权力主张，而不是任何其他的激励因素。众所周知，在培养或增强对他人的利他主义关怀方面，权力主张远不如基于移情式的引导有效（艾森伯格，1992）。因此，我认为亚里士多德和亚里士多德主义所强调的重复和习惯，并没有给我们一个满意的解释来说明这些内容在道德教育过程中所起到的作用。亚里士多德的道德教育方法论似乎不太可能创造出道德上无私的个体，相比之下，这种方法明显且深深地依赖于与移情有关的方法。但这只是我要论述的亚里士多德道德教育的问题和前景的开始。我在下文进一步讨论亚里士多德关于道德品格的自愿性的观点时，将回到习惯的问题，并以一种更全面的方式来讨论它。但我认为我们已经看到了足够多的证据，使我们对亚里士多德式的道德教育图景产生怀疑。我认为现在是时候看看前面所讨论的内容是如何解决道德自我修养在中国传统所描述和倡导的条件下是否具有现实和合理意义的问题了。

2

（刻意的）道德修养的概念包含了一个过程，个体可以通过自己的努力来掌控和完成这个过程。当我们谈论在特定学校科目中的自我教育时，我们指的是个体在很大程度上（虽然不一定完全）独自学习越来越多的地理或数学，在大量的反身动词学习中也是如此。中国的思想家经常说或暗示个人在某种程度上可以进行自我的道德修养，并通过自身的努力（尽管不是唯一的）变得更道德，但我对此表示怀疑。

模仿和引导并没有给我们提供好的有意识的道德自我修养案例，但让我们开阔眼界并思考这样一个案例：与标准的模仿和引导案例不同，个体在道德上的提升必须进行某种程度的（自我）反思，想象一下，一个工厂的老板总是对他的工人们的感情漠不关心，他一直对他们很傲慢，也很苛刻，而雇员们对雇主的真实感情总是掩藏得很好。然而，有一天，工厂老板在工厂里以他惯常的傲慢态度行事，（由于某种无法解释的原因）他的视线突然转向了没人预料到的地方。当他这样做的时候，就会注意到一个工人脸上流露出恐惧和厌恶的表情，并且马上也发现了那张脸代表了对他作为厂主刚刚所采取的行为方式的回应。这使他改变了惯常的心情和举止发生了改变，并立即离开了工厂。一旦他这样做了，就意味着他开始反思他刚刚所见的意义。他很快（最终）意识到他看到的只是冰山一角。此人今天的行为和以往没有什么不同，但这一次，由于某种道德上的幸运，他看到了他的行为在一个特定工人身上引起的反应；他现在能够归纳出一点，认识到他已经伤害了工厂里很多人的感情，并且不仅仅是这一次，而是多年来一直如此。

这样的反思很可能会导致工厂老板对员工和其他人的感受更加敏感。其结果可能与引导儿童产生的结果非常相似：对他人的感受有更强的移情，（更）不愿做某些伤害他人的事情。但是，尽管工厂老板没有让任何其他人刻意给他上一堂道德教育课，但也确实涉及了一定程度的自我反省（反思，例如关于给某个工人造成伤害的样子）。我认为这还不是一个道德修养的例子，即道德修养是刻意去做的事情。这个工厂的老板只是在一个特定的早晨去自己的工厂查看，并无意成为一个更好的人。然而，事情就是这样发生的，而且是外部因素对他的感情和生活产生了完全无法预料的影响。因此，如果道德学习或教育可以通过道德修养的过程来实现，我们需要一些其他的例子来证明这种可能性，尽管有可能找到这样的例子，但我认为它们是相当罕见的，相当难以获得。正如我希望在接下来的内容中向你们展示的那样，这种罕见的现象让我们有理由怀疑，中国思想强调的那种全面或大规模道德修养的必要性和可取性，在整体上是否有用和可操作。

那么，什么是好的关于道德修养的例子呢？假设一个美国白人男性娶了一个非常美国化的朝鲜裔美国女性。这个女人把他介绍给了她的非常传统的（朝鲜族）家庭，尽管这个男人试图把自己的（一此情绪）反应藏起来，但他并没有完全成功。他觉得这个家庭既古怪又没有吸引力。事实上，原来他的姐夫已经注意到了这个情况。他妻子将这一切告诉了他，他立刻对发生的事情感到非常不舒服。妻子对这一切非常理解，非常宽容，但这个男人自己觉得他没有尽力去理解和温暖他的婚姻，经过思考，他决定做一些非常具体的事情来使情况好转起来。他决定阅读大量朝鲜的历史和文学以便对朝鲜文化和他自己的新家庭（也为了将来的孩子）有更多的移情。如果他执行这项决定，这将是一个刻意的提升道德修养的例子。他刻意选择的教育过程可能最终会让他对朝鲜文化和朝鲜人更加感兴趣，因此在某种程度上，他会成为一个更好的丈夫。

但是，请注意这个例子中的两点。首先，他取决于其他人的干预或投入。他并不认为培养自己对朝鲜人的移情完全取决于自己，但他决定这样做以回应他的妻子告诉他的事情。其次，这是一个非常不寻常的例子。也许人们应该去阅读一系列的书籍以变得更具移情能力，但是这并不经常发生，而且期望它经常发生也是不现实的。导致与朝鲜裔美国人结婚的白人选修了一门朝鲜历史和文学的课程，这是相当罕见和不可预测的事件。可以肯定的是，这样的事情确实会发生在人们身上，但是期望这样的事情经常发生来促使每个人变得更加感性和无私，这似乎是不合理的。如果我们想要利他主义和道德美德，就需要使用我之前提到的道德教育技巧。但假设我刚才描述的道德修养的例子基本上是唯一一个可以在现实中找到的例子，就违背了整个中国道德教育的传统。因此，我建议现在有必要考虑一下中国伦理思想的一些主要人物对道德修养这一问题的看法。

3

让我们从孔子开始谈起。《论语》中包含了许多有关道德教育、道德学习及其他主题的知识。但我想把我的评论限制在孔子所说的道德修养方面。孔子（《论语》）认为，人们可以且从根本上可以改变或塑造自己的道德观，并且他认为，仪式或典礼有助于实现道德（自我）改造。孔子的许多追随者也同样强调仪式或典礼有助于道德学习或教育。但我想知道的是究竟有多少仪式能真正帮助人们在道德上变得更好。

以仪式化或制度化的体育竞赛为例。孔子似乎认为人们会从更具破坏性或分裂性的比赛中获得积极的能量，他可能是对的（《论语》第三章第七节）。但是，对体育比赛的兴趣和投入除了暂时降低人们的攻击性之外，还有什么其他作用吗？它是否以这样一种方式改变参与其中的人，使他们后来变得不那么具有攻击性，并且也不需要运动环境来消除他们的攻击性？我认为没有理由这么想，尽管我们需要诉诸社会科学（或生物学？）来帮助我们解决这个问题。

再看看其他类型的仪式化行为，在这些例子中，“仪式化”一词实际上似乎比它在大多数体育比赛中的用法更贴切。例如，想象一下，有一些特定的仪式是父母带孩子去参加的，要求孩子静坐一段时间，接受宗教或伦理文化的某些内容或元素。孔子和他的追随者们似乎认为这样的仪式可以遏制孩子们的坏习惯，让他们更有耐心，更愿意在社会机构和企业中合作。但我对此不确定。

如果孩子们被强迫完成仪式，也许他们会怨恨他们正在做或经历的事情，也许他们会“渴望”不去做父母要求他们做的事情。也许他们会尽量避免参加这样的仪式，只要他们可以逃脱。也许仪式没有增加他们的耐心，反而使他们只剩下比生活要求的更少的耐心，谁知道呢？儒家认为，这些仪式会对参加仪式的人的性格产生各种各样的好影响，但至少对孩子来说，参加仪式通常不是出于自愿的。父母为了让他们的孩子定期去宗庙或参加传统和制度化的社会仪式，会施加各种形式的权力主张。心理学文献表明权力主张不能有效地让人们更加关爱别人或变得更具利他主义，实际上还可能会产生相反的效果（孩子怨恨他们的父母或师长，因为他们迫使自己坐下来经历各种可能冗长、乏味的仪式）。当然，如果孩子们爱他们的父母，他们可能会移情地接受父母对某种仪式的积极态度，但目前为止还不清楚这会如何使他们变得更加道德或利他，而且无论如何，这都不会涉及任何被恰当地描述为道德修养的东西。

那么，现在让我们来看看孟子（《孟子》）关于道德修养的观点。孟子认为人性本善，但也认为，即使我们在一定程度上已经是善的，我们也可以变得更好。即使我们天生善良，有着与生俱来的慈善本性，但是它并不会自动地使我们渴望成为更好的人，并相应地刻意采取（有效的）措施。因此，孟子关于道德自我完善的描述是根本不完整的。它并没有真正有助于将我们的仁慈（有意地）从一个狭窄的圈子扩展到更大的范围。孟子提到这种可能性或时机和对这样的思想延伸通常存在于后来的儒家（和新儒家）对道德修养的讨论。但是在关于道德修养的诸多讨论中，其中有一问题始终无法给出合理的答案，即人们为什么要扩大仁爱的范围。此外，从来没有人用可理解的心理学术语来告诉大家这个（刻意）扩展的过程是如何发生的。（他人可以让我们在道德情感上变得更加一致，但将这种改变视为道德修养的问题则是错误的。见范诺登，2007 年，第 234-46 页。）

现在，后世儒学经常把儒家经典的智慧看作道德（自我）提升的基础，但从我所读到的内容来看，那些主张将这样一种学习过程视为道德自我提升手段的人，并没有告诉我们这种提升在心理上是怎样实现的。而且，坦率地说，我认为这根本不可能做到。阅读某些文学作品使读者沉浸在某些人的悲伤中（《汤姆叔叔的小屋》就是一个很好的例子），作用大小的不同取决于这些读者对他人的痛苦的差异性的敏感程度。如果说儒家经典可以为我们做这样的事情，那么，对我来说，他们所说的内容就很有意义（尽管我不知道儒家经典是否包含了《汤姆叔叔的小屋》里那种强烈的移情道德课程）。但是，即使我们可以假设中国经典著作中包含的故事和例子可以帮助我们敏于道德，那么阅读它们的实际动机又是什么？如果观念来自于某个人在学校里分配的这些典籍，那么就包含了一种权力主张的元素，使得人们怀疑学生到底能学到多少东西。在任何情况下，即使假设学生可以在这种情况下学习道德课程，学习也不会被视为道德修养或自我教育的一个例子。但也许每个人都希望在道德上进行改善，这样一来，如果人们意识到可以通过典籍所述的这种方式提高一个人的道德，人们就有了明显的动机让自己沉浸其中。

然而，出于前面解释过的原因，我只是有一点不明。当一个人伤害了他人，并且伤害的事实生动地摆在他面前时，他会感到糟糕并想以某种方式（处理一下其产生的伤害）使情况变得更好一些。但人们普遍希望成为道德上更好的人：这种动机应该从何而来？希望改善道德和自我完善的愿望不能简单地被视为理所当然，这需要用明确和令人信服的方式来加以心理学的解释。

事实上，儒家传统似乎有这样的解释。可以说，道德自我完善的愿望可能来自于我们对某些特质的崇拜，以及对某些在我们看来具有这些品质的典型的个人的钦佩（例如《论语》第四章第十七节 \ 第七章第二十二节以及第七章第二十四节）。所以，让我们来探索一种人们可能会试图捍卫儒家关于道德修养的思想的新的和最终的方式。

首先，令人钦佩的榜样（或他们所代表的令人钦佩的品质）必须引起我们的注意，并且假定人们到处寻找榜样来模仿。如果他们这样做了，如果他们接着效仿这些榜样，这将是一个最充分意义上的自我修养过程。但正如我所指出的，这并不是现实的人能从范例中学到的东西。因此，我认为，真正的问题是一旦一个人遇到或看到一个榜样，有意模仿的过程是否可以被合理地描述为是沿着道德修养的路线在前行。如果熟悉我之前所说的那种的通过无意识或非故意渗透（移情关怀）产生的模型或典范对人们产生的影响，那么这个过程就缺乏充分的深思熟虑和自我启发，因此不能算作自我修养或自我塑造。因此儒家思想若认为道德榜样的模仿可以用一种深思熟虑和自觉的方式来实现，那么就必须提出一种现实的心理方式来解释后者是如何（经常）发生的。

在这个方面，仅仅说一个人对榜样的钦佩是使他有意识地模仿他们的原因也是不够的。我们需要更好地理解钦佩是如何导致效仿的。毕竟，在道德上我可能会钦佩那个把自己的一个肾捐赠一个完全陌生人的人，但如果我像大多数人一样重视自己的肾（对不起！），我便不想变成那样的人。我当前的谨慎的自我关怀会削弱任何我想成为那样一个人的愿望。更概括地说，为什么已经相当利他主义（和移情）的人想要表现一些高度令人钦佩的更强烈的利他主义（和移情倾向）呢？（理查德·麦卡蒂多年前首次让我注意到这个问题。）

仅仅因为我们意识到如果这样做的话，我们会过得更好、生活会更好，我们就自然而然地想要变得更像道德榜样一样，这是不够的。有许多理由可以怀疑一个道德上比别人高尚的人是否通常会比别人过上更好的生活。但是，人们还需要问一个问题，作为获得更好生活的一种手段而追求更高的道德修养愿望，它实际上是怎样导致道德上变得更好的？如果一个人的主要动机是并且仍然是表面上利己地为自己争取更好生活的愿望，那么它又如何能代表、体现或激发个人品行状态的道德提升呢？目前尚不清楚的是，为自己争取更美好生活的最初愿望，最终如何屈服于（或变成）那种帮助他人并公正对待他们的内在愿望，即我们几乎所有人都认为这种内在愿望对于成为一个有道德的人是必不可少的。

让我们假设仰慕本身即为一个模仿道德榜样的动机，这种动机不一定是自私的，但是在像肾脏捐献这样的情况下，考虑到这种提升道德的方式风险太大，这种动机可能会被抵消。人们仍然需要问：这样一个动机如何能够启动道德自我完善的过程？而且，如何回答这个问题并不容易。想要更像一个受人钦佩的道德榜样，我是否需要做一些我所知道的榜样已经做过的行为，这些行为是否可能是出于模仿榜样本身的欲望，而并不是这个榜样本身？这个过程是如何引导我的？我有什么理由认为它会引导我最终发展出令人钦佩的榜样的最初行为动机？我的理由可能是，如果我阅读榜样读的儒家经典，这会使我更喜欢他。但我也必须认识到，许多人曾读过这些经典而没有成为像榜样一样的人，这必然会使我怀疑阅读这些经典是否是提升自己道德水平的最好方法。类似的观点也适用于任何通过仪式来提升自己道德水平的尝试。

到目前为止，我认为儒家关于道德修养或整体自我塑造的思想，在（更好地）理解道德教育和道德发展如何更普遍、更实际地发生的整个研究中，几乎找不到一个现实心理学的支撑。当代有影响的儒家思想或者说儒家学者（例如，杜维明和 P.J. 爱芬豪）似乎和早期儒家一样相信道德修养的前景和可能性。但是，我从这里所说的一切得出的结论是，首先，当今的儒家以及其他伦理学家应该停止对道德修养的过分关注，而把注意力集中在道德教育上；其次，从儒家的角度出发来讨论道德修养应该比过去更具质疑精神。

但这仍然为西方关于自我修养和自我塑造的思想敞开了大门，正如我建议的那样，在儒家和（据我所知）任何其他东方哲学 / 伦理传统中都找不到相似之处。（请注意，我现在不认为，将来也不会认为，刻意和激进的道德自我完善不能包含来自他人的实质性帮助。）因此，我们现在需要将注意力转向亚里士多德、康德和西方其他思想家强调的一些不同的考虑和因素，（这些考虑和因素）是将我们塑造成道德高尚的个体的基础。

4

让我先从亚里士多德开始。我们之前的讨论主要集中在亚里士多德关于儿童如何向父母学习的观点，而我们没有讨论更进一步的问题，即个人是否能够使自己成为一个道德上更好或更坏的人，从而对他们自己的道德品质负责。但后一个主题至少与前一个主题有很多的共同之处：亚里士多德关于儿童道德训练的内容以及他所说的关于我们对自己最终道德品质的责任的论述，都主要取决于我们对理想行为的重复和习惯化。

在《尼各马可伦理学》第三卷（特别是第五章）中，亚里士多德直接讨论了善良和邪恶状态的（道德）责任问题，以及由此产生的行为的责任问题。他说，当我们做出自愿的选择时，就要对我们所做的事负责，可以赞扬或指责我们选择执行的行为，并且，重复性的选择，比如说，不公正的行为会使某人变成一个不公正的人，一个有着稳定性格或不公正行为习惯的人。他补充说，不知道这个事实就是“彻底的愚蠢的人”的标志。换句话说，每个明智的人都知道，如果他们一直以某种方式行事（或在许多情况下，而且从不以相反的方式行动），他们将发展成为一个有这种行事习惯的人。所以亚里士多德认为，当某人以这种方式和先行知识使自己不公正时，他们由此产生的不公正是自愿的，因此可以归咎于他们自己。

现在，如前所说，如果有人的父母使用权力主张来强迫他们，比如，每个星期天去教堂，这很可能不会最终形成一个固定的习惯，一旦他们不再受父母的控制，这个习惯未必就会保留下来。（事实上，他们恨不得一离开就不再去教堂了。）但人们可以声称，在父母的控制或监督下所做的事情并不是真正或完全出于自愿的，它可以代表亚里士多德在第三卷第五章中所说的，宣称非自愿选择的真实情况根本不需要坚持自愿选择。如果在父母严格的监督下做出的选择没有形成一个固定的习惯，这可能是因为这些选择不是自愿的，在这种情况下，正如亚里士多德在第三卷中提到的，放弃或选择一个习惯需要完全出于自愿，即使自愿选择比较少，他们也可能养成习惯。

但亚里士多德这样说是对的吗？他说，每个明智的人都知道他们的自愿选择最终会变成某种既定的、甚至可能是不可改变的东西，但每个这样做的人真的知道这一点吗？我倾向于怀疑它。在《伦理学方法》中，亨利·西奇威克说，那些相信自己是自由的人，有时会给自己找理由让自己屈服于某种诱惑（他们希望不再受诱惑），理由是当他们面对下次诱惑时可以更容易地采取不同的行动（亨利·西奇威克，1907 年）。现在可以跟亚里士多德说，这样的人不明智或不聪明，但是我们中的许多人都符合这样的描述。我认为，人们应该对亚里士多德关于自由选择奠定坚定习惯的主张的显而易见性产生质疑。

这种说法不但不明显，而且实际上，从某种社会科学的角度来看也是相当可疑的。在20世纪，心理学作为一个领域致力于研究和遵循所谓的“效果法则”，根据这种法则，在特定情况下获得奖励后的行为在未来的类似情况下比未获奖励之前更可能重复出现。行为主义者依赖于这个概念（当然，这个理论是模糊的，这个模糊性源于类似概念的模糊，也与奖励概念的模糊有关）。但是，除了行为主义的（其他）假设之外，“效果法则”当然是有意义的，而且无论如何，亚里士多德关于自愿行为结果的论证并不适用于这一法则。他并没有说，某些自愿行为如果得到奖励，就更有可能重复发生。相反，他以一种更笼统的方式说，一旦有足够多的这种自愿性行为（就特定代理人而言）发生，那么它们就更有可能成为一种强烈的习惯。

这一思想不仅与效果法则相一致，而且与行为主义者及其他曾谈及和写到另一条“法则”的人相一致，即所谓的“练习法则”。根据这条法则，在特定环境 C 中不太可能发生的行为，由于在 C 中发生过一次（或者是多次），在未来类似的情况下便更有可能发生。这非常接近亚里士多德说的每一个明智的人都知道的事实。但事实上，心理学家从未像他们在效果法则方面所做的那样坚定地支持练习法则。无论是从实验的角度，还是从常识的角度，都很难确定自愿（或非自愿）的选择作为一种不依赖于奖励的行动的习惯或倾向，往往会推动自己前进到未来。

这里有三个理论结果。首先，一个人没有必要愚蠢地或不明智地去怀疑练习法则，或去怀疑亚里士多德关于纯粹的行为趋向于成为习惯的说法。亚里士多德的确是那样认为的，但他似乎错了。其次，就当前的目的而言更重要，即使（没有报酬的）自愿行为往往会产生习惯，习惯的形成也并不一定达到了如亚里士多德所认为的那个程度，即一个人对他形成的这种习惯一无所知，他的自愿行为才会形成习惯。最后，我们有理由怀疑自愿的行为是否会在人们不知情的情况下形成一种习惯（甚至他们认为他们所做的事情会致使一种习惯的形成）。所以亚里士多德关于习惯自愿性的论证以及随之而来的应受谴责或应受赞扬的论证、关于不公正或正义的习惯或倾向的论证，是站不住脚的。他没有给出充分的理由使我们认为，我们曾经以这种方式实质性地塑造了我们自己的整体道德品格。

在这一点上，我们也无法帮助亚里士多德，像现在的一些亚里士多德学派所做的那样，将道德 / 美德的获得与技能的获得相比较（罗素，2015）。当我练习钢琴，变得更加熟练，我的神经系统会相互合作，但不需要改变动机；然而，如果我模仿一些道德榜样的行为，并且只有当这种“实践”的结果在我的内心产生一些动机变化时，我才能变得像他们一样。从心理学的角度来看，很难看出练习或重复是如何实现这种改变的。现在我们来看看康德。

5

康德处理自我塑造问题的方式是典型的康德式的。例如，他对意志的力量作为克服诱惑的途径非常感兴趣，而亚里士多德对这方面的道德生活的强调远远少于康德。亚里士多德也没有假设我们有义务把自己塑造成更好的人，而康德认为，这是我们最重要（不完美）的义务之一。现在我不想再讨论最后一个问题，因为它对目前的论点来说并不重要。我们需要解决的问题是，我们是否有能力将自己塑造成为更好的人，而不是我们是否有义务这样做。即使发现我们不能以任何整体实质的方式在道德上塑造自己，在康德的假设中，我们也没有义务这样做，如果康德认为我们有义务这样做，那么他就错了。

根据康德的观点，每次我们运用意志力来抑制或约束违背我们道德义务的冲动或欲望时，我们都会削弱这些冲动或欲望的未来力量，使我们在未来更容易抵制它们（康德，1985 年，第 195 页；盖尔，2005 年，第 136 页）。因此，理解这一点并寻求（履行其职责）在道德上提高自己的人可以通过抵制给定的诱惑来做到这一点（康德尤其考虑的是欲望诱惑）。但是，一个人能以这种方式刻意而有效地塑造自己吗?

这一切都取决于一个经验假设，即在特定情况下抵制诱惑会使之后更容易这样做，这个假设在康德看来可能是可信的，但最近的心理学对此提出了大量疑问。最近对意志力的研究表明，意志力很容易受到各种负面影响（疲劳和低血糖会降低意志力），并且至少在短期内，一个人的意志力可能会因为在某个特定场合的使用而被耗尽。最后一点在某种程度上与康德关于行使意志力的后果的假设相违背。当然，康德可以回答说，即使意志力在短期内耗尽了，但从长期来看，它还是增强了意志力或者至少减弱了欲望。从长远来看，意志力已经得到了锻炼。但不幸的是，即使对于这种较弱的假设，似乎也很少或没有实际证据。

我最近在与罗伊·鲍迈斯特（Roy Baumeister）进行电子邮件通信，他与约翰·蒂尔尼（John Tierney）合著了一本名为《意志力：重新发现人类最强大的力量》（*Willpower*：*Rediscovering the Great Human Strength*）的著作，书中涉及用心理学理论研究意志力现象，它相较于康德（Kant）、亚里士多德（Aristotle）或任何其他哲学家都更具体（鲍迈斯特和蒂尔尼，2011）。我直接问他询问，是否认为意志力会随着时间的推移而增强以及通过抵制诱惑而产生的诱惑欲望或冲动的力量会随着时间的推移而减弱。他的答案是：直接的诱惑似乎不会因为早期的意志力活动而失去其力量，但我们可以通过保持与诱惑的距离来减少我们屈服于诱惑的倾向，例如，找到避免“犯罪场合”的方法，在这类场合中，特定的诱惑能够对我们产生直接的影响。

除了谈论意志力训练可以在短期内减少我们的意志力储备和疲劳、愤怒的物理效应以及会对我们意志力的效力或力量产生影响的方式之外，《意志力》这本书还花了大量的时间来讨论如何避免诱惑的情况。例如，在美国，人们远离糖果店或冰淇淋店所在的街道，是因为人们很难抗拒对甜食的诱惑。在这一点上，这本书并非孤军奋战。如大卫·沃森（Dacid Watson）和罗兰·塔普（Roland Tharp）的自我导向行为：个人调节的自我修正在方法上有很多很好的、非常令人钦佩的细节，例如，某个人在与毒品、酒精、赌博、暴饮暴食或打牌的诱惑作斗争，可以“外化”他们的问题以便解决它（沃森和塔普，2007）。如果我告诉所有我认识的人我打算减肥，我就有一个动机，那就是我要远离诱人的商店或超市的街道。除此之外，我最初试图不得不尽力减肥的原因，是不想在朋友和家人面前丢脸。这种动机可以有助于抵制诱惑，甚至是直接的诱惑，但这并不意味着那些直接的诱惑会因为一个人之前或最近的良好行为而有所减弱。相反，外在的因素或事件可以被用来衡量一个人抵制暴饮暴食诱惑的强烈程度。

同样，想要停止服用某种药物的人也可以与一家致力于帮助人们克服吸毒习惯的公司签约，这在某种程度上也为反对继续使用毒品提供了一个强有力的因素。他们可以给公司一大笔钱，并与他们签订合同，如果他们在 6 个月或 12 个月后检测呈阳性（或拒绝接受药物检测），公司可以没收这笔钱。在这个领域的心理学文献中，有很多关于一个人如何改变坏习惯的很好的建议。但这些文献都不支持康德认为是正确的理论，即我们可以通过拒绝诱惑 / 冲动来削弱它们未来的力量。

然而，康德可能会回答："那又怎样？如果我们能学会间接地避免在道德上导致我们误入歧途的冲动，这难道还不是更好吗？这难道不算是一种自我塑造的形式，使道德变得更好吗？"先别这么早下断言。让我们仔细研究一下这些处理诱惑冲动的间接技术，实际上意味着道德修养或自我塑造的可能性。如果我们选择一个说明性的（可能不是完全虚构的）例子来帮助我们做到这一点，如某人非常想改变他赌博的习惯。想象一下，由于他过去在赌博中亏了钱，以至于剥夺了他的家人所需要的舒适和安全的环境，他对此感到很难过，但这还不至于让他下定决心改变自己的生活方式（他宁愿和妻子争论他花钱的方式，也不愿尝试去改变自己的生活方式）。但是，让我们想象一下，在某个时刻，他损失了一大笔钱，足以使他的家庭变得贫穷，特别是看到此事对他的孩子而言意味着什么，他比以前感到更为内疚、有罪恶感，对自己感到厌恶，现在他终于决定采取措施防止自己将来赌博。通告他的朋友们在这里可能不是很有效，但想象一下，他想到了一种方法，可以确保他的薪水完全归他妻子所有，并且所有他已经或可能下注的地方都被告知，不能给他任何信贷用于赌博。事实上，为了说明相关的哲学观点是充分的，我们可以假设，即使这一切都不足以阻止他再次赌博，或者他采取其他措施可以有效地阻止他进行任何赌博（例如，这样他就不可能再拥有信用卡了），他现在都已经痛苦地明白了赌博可能带来的可怕后果，这在以前从来都不是真实的或显而易见的，而对他来说，这种震惊和痛苦足以使他做一些使他再也不可能赌博的事情。

所以，首先要问的问题是：这个人在道德上有进步吗？答案是，至少从表面上看，很不明显。现在的情况和以前的情况的唯一区别不就是他以前没有对家人做过那么可怕的事吗？而结果的不同又如何影响他的道德品质，特别是考虑到他现在对家人做的事所表现出的内疚能力？

好吧，我们得小心点。某人感到内疚的一般能力很可能是与生俱来的，但内疚感会随着时间的推移而累积，当它确实存在或已经存在时，某人可能会因后来的错误行为而感到内疚,这一点在某种程度上是这个人以前没有意识到的。在我们前面的例子中，假设那个人之前因为赌博给他的家庭带来的不幸而感到不舒服，而且可以说，早先的罪恶感使他感到更加内疚，如若他之前没有做过令他内疚的事情,当他后来使自己的家庭变得贫困(家庭住房不得不被没收)时，他就不会有这种感觉。内疚会随着时间的推移而累积，并且作为一系列错误行为的结果，因此我们不应该像上面所做的那样去假设他的内疚能力一直是不变的。的确，从某种意义上来说，他基本的内疚能力并没有改变，但是，如果内疚的能力意味着一个人倾向于有负罪感，那么在这方面，他就已经改变了。与原来相比，这个人对赌博会有更强烈的负罪感，而且他会对某一特定的赌博行为有更强烈的负罪感，而在他的赌博行为开始对他的家庭产生可怕影响之前，他是不会有这种感觉的。事实上，所有这些都与他是否能在道德上变得更好这个问题有关。

然而，为了说明原因，我需要引入一个更简单或更原始的归纳学案例来阐述相同的基本观点。马丁·霍夫曼（Martin Hoffman）说，仅使用一次引导法可能不会让一个孩子在未来拒绝对其他孩子的（无缘无故）所有攻击，但如果使用几次引导法后，孩子最终会在攻击真正发生之前阻止自己对其他孩子的攻击行为。在许多情况下这种不好的感觉可以在侵犯行为发生之前抑制，而不只是在侵犯行为发生之后感觉不好。换言之，反复出现的引导现象会形成或增加对攻击性行为的动机的抵抗力，因此，经历过这个过程的孩子会变得不像以前那样具有攻击性。从这个意义上说，孩子在道德上比以前更好了——引导法毕竟是道德教育的一种形式。我们可以把刚才所说的关于儿童道德教育的内容应用到那个因为赌博使他的家庭陷入贫困的赌徒的案例上。

这个人早期对赌博所造成的危害的小的内疚感为他最终因为赌博使家庭陷入贫困所带来的强烈的愧疚反应奠定了基础。与引导规则的情况同步发展，早期的不良情绪或内疚可能不会导致他改变行为方式从而停止赌博，但由于早期的不良行为而产生了内疚感并不断增加，当他使得他的家庭变得贫穷时，这种内疚感就会达到爆棚状态从而阻止他的赌博行为。早期的内疚感很可能使他心软了，因为当他的赌博行为最终带来了极其可怕的后果时，他会产生难以置信的强烈的内疚感。换句话说，为了再次强调我之前所说的，可能会有一个内疚感不断累积的过程，这种内疚感导致他在使得自己的家庭变得更糟糕时有更加强烈的内疚反应。如果这仅仅是第一次也是唯一一次由于他赌博造成的不良影响，我们认为，正是这种更大的力量最终使他改变了生活方式，不再赌博。就像通过孩子天生的移情倾向对其进行引导训练来让孩子学习或抑制攻击性的情况一样，做出这种改变的人似乎被认为是一个改变了的人，一个比以前更好的人。

难道赌徒不是通过改变他自己和他所处的环境来改变自己的道德，从而阻止自己再次赌博吗？如果是这样的话,那么我们就有一个道德自我塑造的例子，尽管它的特征与康德想象的完全不同。这个赌徒不会把自己塑造成一个欲望不那么强烈的人：那将是道德上的自我提高，但我们没有任何理由相信他是这样自我提高的；相反，正如我们现在想象的那样，当赌博使他的家庭陷入贫困时，他感到（并且持续感到）强烈的内疚，他故意改变世界和他影响世界的力量，使自己成为一个道德上高尚的人，这将防止他再一次拿家庭的财富和福祉去赌博。但这是看待事物的正确方式吗？它有道德和观念上的意义吗？我认为没有。

再来看看引导法的情况。一个孩子对伤害其他孩子（或更普遍的其他人）的反向力量越来越强，直到他们达到不再对其他孩子做侵害性事情。我们可能会问，道德上的提升在这一过程中是何时发生的？在那一刻，尽管他像以前那样受诱惑试图去打另一个孩子，但他抑制了这种行为。这种行为是否会使他成为一个更好的孩子，还是更确切地说是他道德提升的标志？必然是后者。道德提升像他抵制打人一样是分阶段发生的，例如，当他实际伤害了别人时，他的父母等成人的说教或其他诱导训练的重复使用会使他产生对打人的抗拒，并使他专注于（有意或无意地）对其他孩子 / 人造成的痛苦和伤害。实际的抑制行为只是一个标志，不是吗？这只是一个标志或证据，表明通过他人改变孩子的动机的过程（相对第一种情况）是成功的。你不必成为一个美德伦理学家也会看到道德的改变发生在孩子的行为之前，也就是说，克制自己的攻击性行为。（康德主义者可能会同意这一点。）

但是，当我们把这些想法转回到赌徒的案例中时，就会发现，我们想象的那个人通过（故意）改变世界以及用他自己的力量影响世界，使他无法赌博，让自己变成一个更好的人是远远不清楚的。这种动机的改变与受引导性规则训练的孩子的情况一样，发生在这个人实际开始进行必要的改变以削弱其赌博的可能性之前。事实上，正是他内心动机的变化导致了他的这些改变。似乎更有理由认为，动机的改变构成了道德上的改变对他来说是更好的，而不是正如我们最初所说的，道德上的改变是由于他的行为，即作为动机改变的结果。

当然，赌徒发起的行动是在他的控制之下的，如果道德的改变是通过这些行动发生的，那么这是他自己选择的结果，并且可以被视为自我塑造的一个例子。但是，如果道德的改变是通过内疚抑制性累积强化而发生的，那么这不是他故意造成的，也不能说他在道德上把自己塑造成了一个更好的人。相反，是内疚塑造了他。在这种情况下，我们仍然没有找到一个可信的康德式的例子，来表明某人有意甚至无意中把自己塑造为一个道德上更好的人，更不用说道德上完美的人。因此，与东西方思想的历史传统在很大程度上所相信的道德修养相比，全面道德修养的观点不那么现实，因而在道德上也没有多大的适用性和相关性。我们的道德发展主要取决于他人的干预和外部因素，这些因素在很大程度上是我们无法控制的。东方和西方的哲学家应该开始认识到这一点。

第三讲——东西方哲学的不足

正如前面所讲的，在这些讲座的主标题中，“东方”特指中国，而不是一般意义上的亚洲国家。我做这种限定的原因和以前一样。首先，我从来没有足够的兴趣去研究印度哲学的细节，当日本哲学还没有从德国哲学中得到灵感时，它的大部分资源和方法均来源于中国的思想。所以，这里所论内容的局限性显然存在于我正在做或尚未做的事情之中，但即便有这样的局限性，我依然认为我能够就中西思想的主要比对谈论许多。其次，我希望能够就中西方思想之间的比对提出一个简短的总体方案，来说明当代哲学对此进行研究的必要性和可取性（即使在印度和日本）。我认为，这个方案包含了更多的哲学选择，远比其他哲学家所提到的系统化的选择要多得多。让我们来看看这一切是如何运作的。

1

几年前，在我的书《完美的不可能性：亚里士多德，女权主义和道德的复杂性》（2011 年）的附录中，我写了一些关于哲学家从事哲学研究采用的方法认知问题。附录的标题是“男人的哲学，女人的哲学”，它试图展示或者也许仅仅是指出了女人和男人在处理哲学问题的（常见或典型）方式上一些不同的弱点或缺陷。例如，关怀伦理学家主要是女性，关怀伦理学家通常会对道德心理学的问题给予极大的关注：例如，关于如何学习或传授关怀的问题，以及如何（通过移情的方式）产生和采取某种特殊关爱行动。美德伦理学家也对实际伦理学问题给予了同样的关注，大多数美德伦理学家也是女性。康德哲学传统中的男性伦理学家对这些问题的兴趣要少很多，即使他们对这些问题感兴趣，我认为他们对道德生活中的心理方面的敏感程度也要比关怀伦理学家和美德伦理学家要低很多。（我知道有很多女性康德主义者。）

现在有人可能会反对托马斯·内格尔（Thomas Nagel）和 T.M. 斯坎伦（T.M.Scanlon）都以一种具有较强说服力的方式进行道德心理学研究，他们确实这样做了。但内格尔在《利他主义的可能性》（在我看来，这是他最有说服力、最好的著作）一书中，他更感兴趣的是实践理性的先验必要结构，而不是经验的 / 感性的 / 以内省为基础的道德心理学。虽然斯坎伦对道德生活的关注确实使道德心理因素成为研究的中心，但我认为他的观念更多地由先验的伦理（和形而上学）所主宰，而不是对我们如何生活以及我们生活经验的实际关注。斯坎伦特别指出，当我们根据实际原因采取行动时，我们会对原因的出现有所感受。而对于我而言，我认为我从未经历过斯坎伦所说的事情。当我把时钟拨回秋天，我知道我为什么要这样做，但那个原因是以一种表象进入我的意识的吗？事物在我看来可能是红色的，事物在我看来可能是对称的，事物在我看来可能是凌乱的，但是我认为我从来没有经历过什么事情可以被称为明显的行动理由或出现这种理由。对于斯坎伦来说，情况更糟，因为他把原因视为非自然现象，这就引发了一个熟悉的问题，即如何解释大自然之外的事物，比如数字，或者在斯坎伦的例子中，行动的原因——可能实际上以因果的形式影响到自然界中的事物，人类的观念会以一种给定理由的形式出现。没有人知道如何弄清这种因果关系，所以这使得我们对于斯坎伦道德心理学的看法变得更加复杂。

我想我知道斯坎伦提出了什么问题。除了经常但不连贯地援引和应用非自然现象的思想之外，伦理理性主义不喜欢用欲望、情感或移情来解释为什么我们在特定情况下会采取理性的行动。但斯坎伦认为，一定有某种（其他）精神或心理因素能够促使我们采取理性或非理性的行动，并且一旦排除了所有其他心理学解释，理性的出现似乎就是为了达到这个目的。然而，我认为这种想法只是为了填补理性主义理论中的一个缺口而发明出来的，而不是一种从内在道德生活或一般生活的感性认识中产生的东西。

通常情况下，总体来说，我认为男性哲学家在心理上的细微差别不像女性哲学家那么敏感，但是，正如我在《完美的不可能性》一书的附录中所说，我们需要高度的心理敏感性，才能对道德和道德生活做出充分的判断。当然，如果康德理性主义是真实（正确？）的，那可能就不一样了，但我主张采用非康德主义的伦理方法（我在之前的讲座提供了一种非常消极的“纯粹理性批判”），我想可以说，这种不同方法发生效用的条件是：哲学家需要对道德心理学问题更加敏感而不是迟钝。让我再给你们举一个例子说明男性分析哲学家对于涉及对他人敏感或对自己心理的敏感反省的问题有多么迟钝。

近年来，认识论者，特别是美德认识论者中有很多关于开明（open-mindedness）的谈论。开明被认为是一种与智慧勇气、彻底性等并列的认知美德。但是，哲学家在谈到开明时疏漏了一个现象：最充分的开明思想包括从那些对某一特定问题持不同意见的人的观点来看待事物的能力和意愿，但其他专注于开明思想的哲学家却从未指出这一点。那么，问题在哪里？有人指出，需要将讨论开明思想的文献纳入其中。（关于这一问题的）讨论和探索也在继续，但不会很快！

当我指出开明思想与从别人的角度看待（或试图看待事物）二者之间存在关联时（在一定的范围内——对待离群索居的人，如果自认为是拿破仑的女人则不需要这么做），哲学家们并不认同这是一种有趣的见解。与之相反，他们反对，并且反对者都是男性。我被告知，开明思想只要求一个人就现有的证据做出公正或公平的判断，并且坚决否定从他人的角度看待事物的联系（你们中的一些读者现在可能正在否认这一点），这是怎么回事？

我的论断对那些不理解我的观点的人非常重要。这是毫无疑问的，但是，让我们想想相关的问题！首先，强调公平处理证据让我意识到那些反对我所说的开明思想的哲学家们把开明思想和公平思想混为一谈，因此他们对语言的细微差别并不敏感。公平和开明是不同的概念，而且，想想当我们使用开放或开明思想的概念时，我们必须考虑什么。我们推测心胸开阔的人对什么持开明态度。就当前而言，一些谈论开明思想的哲学家强调了愿意以新的方式思考并在思考中适应新的现实的认识的重要性。当然，这是一种开放，它本身并没有提到那些赞同或可能反对的人。但是，一个人只有在其他人没有持有这些事实和理论，并且这些事实和理论也没有与人们目前相信的任何东西相抵触时，他们才对新的事实和理论持开明态度，那么我们真的会称他们为完全或理想的开明态度吗？我不这么认为。我认为，开明思想所包含的开放性，至少在理想的情况下，包括愿意真正倾听那些持不同意见的人所说的和争论的内容；当妻子告诉她的丈夫他没有真正在听（她说话或她在说什么）时，她的意思肯定是他（丈夫）应该更加努力地去了解或理解她所说内容的出发点。关注一个人的出发点就是从这个人的视角来看事情。

这里存在什么问题？为什么男性哲学家在理解开明思想和从他人的角度（以一种移情的形式）看待事物时会有如此困难的时候？我刚才谈到了语言敏感性的失败，但我认为在这里起作用的不仅仅是语言的非敏感性。总的来说，西方分析传统中的男性哲学家更愿意理性地进行分析和争论，而不是从内心寻找哲学问题的线索。但我们也应该思考如果他们真的去寻找后（从内心中寻找）会发生什么。我想知道那些反对从别人的角度看待事物的哲学家们是否有过，或者曾经有过这种特殊的经历。例如我记忆中的一次经历，曾经我想过成为一个道德理性主义者的主要原因或动机之一在于，我希望道德是客观有效的，而不仅仅是表达主观性或相对性。现代表现主义者和情绪主义者通常在捍卫他们的观点时，甚至不惜使用与他们之前愿望相背离的那些未曾被注意到的观点，即把道德作为一种具有客观的力量或有效地命令我们的东西。也许现代表现主义者和情绪主义者根本不认同这种愿望，但无论如何，他们在任何情况下都应该更清楚地意识到它曾经对别人产生的强迫，并试图以某种方式反对这种力量或有效性。他们通常不会这么做。

但重新回到那些否认开明思想与从持有不同观点的人的视角看待事物之间联系的人，我们不妨考虑这样一种可能性，即这些哲学家只是没有努力地从别人的角度来看待事物。他们可能缺乏这种动机，而且他们自己没有意识到这种动机归根于他们缺乏这种开明性。因此，他们就未能在其他人身上认出它可以追溯到这种动机本身的缺失，尽管也可能是因为他们对其他人的心理缺乏敏感度。（在这种情况下，当他们设身处地地为别人着想或接受别人的观点时，他们就会缺乏移情。）在没有这一切的情况下，他们说，开明思想只是指对待证据方面的客观和公平的问题，这便是我尝试性地解释为什么我所说的男性哲学家似乎没有理由将开明思想与从别人的角度看待事物联系起来的原因。

2

更普遍地说，我认为男性分析哲学家在涉及细微差别、内省或移情等心理学问题上有些迟钝，至少与女性哲学家相比是这样的。这是（男性分析哲学家的）重大的哲学缺陷或弱点，尽管它在（传统的）人类性别之间分布不均匀。但是，我在《完美的不可能性》的附录中并没有像刚刚提出的批评那样片面。书中还提到了一个重大的智力的或哲学的缺陷，它对女性的影响（或已经产生的影响）多于对男性的影响。分析传统中的男性哲学家（以及许多女性哲学家）非常重视基于精细分析差异的论证，而人们发现，在女性中，尤其是在关怀伦理学家中，这一点要少得多。我在那本书的附录中指出了这样做的问题或者可能存在的问题。一些女性女权主义哲学家曾向我指出，当一些男性或女性在一次致力于关怀伦理的会议上对关怀伦理学中的某些观点提出尖锐的分析性反对意见时，他们常常遭到批评，说他们过于侧重分析，有时候，他们还受到进一步的批评，说他们所说的话和诉说的方式背离了女权主义的目标和愿望。他们的批评几乎自动被视为某种性别歧视。

这种情况太不好了。事实上，那些在过去强调理性和论证的人也反对关怀伦理，甚至可能反对女权主义，这并不构成女性不应该使用同样有力的工具来支持女权主义或关怀伦理学（美德伦理学或其他任何哲学）的原因。当我即将出版我的专著《关怀伦理学和移情》（2007 年）时，卡罗尔·吉利根将其视为关怀伦理学领域中的一个重大事件，因为这里有一位使用熟悉的分析论证来捍卫关怀伦理学的分析哲学家，以前的关怀伦理学并没有真正做那么多。（如果你不相信我，可以去看看她为那本书写的内容简介。）我在这里赞同吉利根的观点。通常情况下，关怀伦理学家和女性哲学家不应该回避分析性论证。这不仅不会威胁到他们的观点，甚至还对他们的观点有帮助，只要这些观点继续表现出对心理事实的敏感性，而这通常是其典型的标志。但到目前为止，关怀伦理学对参与到其他伦理观点的分析和辩论远没有我认为的那么大的兴趣。

这涉及关怀伦理学的另一个问题。女性关怀伦理学家在很大程度上回避了道德语义学问题并且回避了将关怀伦理与其他哲学领域的问题联系起来的尝试。到目前为止，还没有人发表过任何关于“正确”和“好”这两个术语的完整说明，也没有人对与关怀伦理学相关的心灵哲学表现出任何兴趣。这个问题与认知理性的本质相关。这就好像，主流哲学为关怀伦理学提供支持，关怀伦理学家通过对严格规范的关怀伦理学之外的标准哲学问题的轻视来回应这种支持。但是，考虑到传统或标准的哲学问题并非致力于给出熟悉的哲学答案，关怀伦理学家或者那些喜欢关怀伦理学的人确实需要让他们的哲学兴趣变得更加开明。关怀伦理学可以在一般哲学术语中与其他观点竞争。这种感觉或视野的丧失可能不是一种罪恶。但我认为，从我的观点来看，未能充分利用并沉浸在分析性论证并区别分析，这代表了许多曾在道德心理学方面非常优秀的女性哲学家在认知方面的失败或不足。男性没能对心理现实敏感地做出反应，以及女性不能掌握和运用分析思维艺术，那么哲学就不能向前发展了吗？为什么呢？

然而，我的最后一个抱怨，即关于女性哲学家的思想或至少是关怀伦理学家的思想中缺乏分析思维的抱怨超出了对男性和女性上述划分。近年来，我一直在探索西方美德伦理学与儒家思想的联系，我相信并在这个系列讲座中已经说过，我们西方人有很多东西要学习中国的传统思想。但就像我对女性和关怀伦理学家所说的那样，我认为，中国哲学作为一个整体，如果能比以前更加重视分析技能的发展，那将会变得更好。这很可能意味着许多中国哲学家会更好地了解以英语为母语的西方哲学，并把更多的本科学生送到美国、英国、澳大利亚等地的哲学系接受研究生培训，实际上这种情况已越来越多了。但是，我们希望，那些在以分析为导向专业接受培训的中国学生，不会认为他们自己的传统与当今的哲学问题和关注点毫无关联。正如前面所说的那样，我们有很多东西要向中国学习，我希望中国学生能够理解，即使他们从西方大学拿到了博士学位。尽管如此，我所说的中国传统思想与女性主导的关怀伦理学在某些方面没有表现出一定的分析技巧和倾向，而这正是做出完全令人满意的哲学研究所需要的。但我尚未解决哲学家的哲学缺陷。

3

哲学家通常在职业生涯的早期就采取某种方法或立场，并在其职业生涯的剩余时间继续为之辩护（并详细阐述）。有哪位康德主义伦理学家曾为亚里士多德的美德伦理学或关怀伦理而放弃康德主义？又有哪位亚里士多德主义或关怀伦理学家后来放弃了他们的观点，转而赞成康德主义的伦理学？同样，什么样的自由意志主义者会相信自由主义，或者反之亦然？我不知道有什么样的例子，这些是我早就熟悉的领域，即使有些案例没有引起我们的注意。但我认为哲学家们作为一个阶层缺乏基本的改变，对他们来说这是一个相当值得注意的事实——即使它已经逃过了所有人的注意，在哲学文献中从未被关注过。（即使有人注意到或提到了这一点，它也没有引起哲学家们广泛的注意）。

不幸的是，我认为，对于哲学家们为什么会出现这种情况，有一个现成而又显而易见的解释。美德认识论者总是把开明思想作为一种重要的认知美德来讨论，但实际上哲学家（像许多其他学者一样）并没有在他们最初不同意的观点上表现出真正开明的迹象。这是困扰哲学家的智力缺陷或不足，虽然我知道这是一个难以下咽的药丸，但我在此邀请哲学家们吞下它。想想看！一旦我们发现自己致力于某种特定的哲学传统或方法，我们是否真的对其他人的不同意见持开明的态度？在研究生院里，我们经常要阅读每个人对特定论题的看法，但是一旦我们获得了博士学位，站在某一特定的传统一边，我们真的还会花时间阅读并认真地对待其他传统吗？有多少关怀伦理学家阅读了康德伦理学或关于康德伦理学的最新重要著作？有多少康德主义者不厌其烦地认真阅读关怀伦理学的文献？非常、非常、非常少！

哲学从业者并不开明，他们缺乏那种被广泛认可的知识 / 认知美德，尽管那些宣扬这种美德的人似乎没有意识到他们和我们所有人都缺乏这种有价值的特质。因此，这是哲学家的另一个不足或智力弱点，但就我所论证的而言，这并不一定是哲学本身的问题。理想的情况下，哲学家们在对其他传统、其他观点和理论持开放或开明态度的同时，会对哲学问题进行分析并进行敏感性的心理思考。哲学本身可能已经做得更好[我想起了 20 世纪早期的钢琴家阿图尔·施纳贝（Artur Schnabe）的妙语：舒伯特的钢琴音乐比他的演奏更好]。

4

但是我这个讲座的听众可能会对我所说的提出很大的异议。我曾经说过，僵化的封闭思想是哲学家们普遍面临的问题，但这个问题对于中国哲学家来说，是否和西方（尤其是分析型）哲学家一样严重？我不这么认为。

开明思想就是要接受别人的想法，即使他们最初的意见与自己相佐。在我的《从启蒙到接受性：重新思考我们的价值观》（2013 年）中，我认为西方哲学在很大程度上要么忽视、要么敌视接受性观念及其价值。这本书还指出，中国人的思想并非如此。让我通过两位大致相同时代的中国和西方哲学家来说明这一点。

在《孟子》一书中，孟子告诉我们一些非常有意思且重要的事情，即当有人弄痛或伤害我们时，我们应该做如何反应。孟子告诉我们，我们应该先扪心自问，是不是我们可能做了什么，激怒了那个伤害我们的人，或者我们以前如何伤害过他们，而不是直接想要报复回去或者是感到愤怒和怨恨。孟子提醒我们做这样的反应实际上就是建议我们先接受对方的观点，即使当他们伤害了我们时。孟子没有使用接受这个词，但他的例子显示了他对接受性和开明思想的重视。

相比之下，想想亚里士多德是怎么说德行高尚的人的。对于亚里士多德来说，德行高尚的人总是正确行事，知道什么是正确的。所以亚里士多德从不建议，例如，让德行高尚的人倾听那些不同意他的人并向他们学习。对于亚里士多德来说，他已经知道了他需要知道的一切。这么说吧，对孟子来说，道德行为要求我们考虑他人的观点和感受；但是，亚里士多德从来没有说过或暗示过这种关于道德个体的事情。于是乎，因此，开明的思想在亚里士多德时代的知识分子那里并不像今天的（所谓的）新亚里士多德的美德认识论那样。

更一般地说，中国哲学和哲学家表现得更愿意向西方哲学学习，在这个方面比西方哲学家对中国哲学们表现出更大的开明性。如果你完全相信我在这些讲座中所说的，中国思想很重要，不仅在历史上，而且对于现代的哲学也非常重要，那么，西方分析哲学家就没有借口说他们已经知道了中国思想以外的任何东西，这就是西方哲学家现在所坚信的［我记得托马斯·霍尔卡（Thomas Hurka）几年前对我提出过这一点，它在分析哲学家中很常见］。但这是有争议的，实际上我已经论证过，西方哲学家认为他们有权忽视或贬低中国思想，这正是一种思想封闭的表现。中国哲学家在看待他们与西方哲学的关系时基本上避免了这种封闭思想。所以，最后我打算把对闭关自守的指责指向西方哲学，而不是或者不太倾向于指向中国哲学和中国哲学家。

我们也可以用阴阳来比喻这些观点。我常常不乏严肃地开玩笑说，西方哲学，除了像休谟、赫尔德和舍勒这样的少数例外，一直都是阳，而不是阴——正如他们所做的和已经做的，拒绝接受性的意义。（如果阴阳必然是互补的，那么没有任何东西可以完全阳而没有阴，反之亦然）相比之下，中国文化是一种更具有接受性的文化，这在很大程度上解释了为什么过去一个世纪左右的中国新儒家哲学的哲学家们如此大量地向西方国家借鉴学习（牟宗三也许是这种趋势中最显著的例子）。但这将是一个错误，我认为中国哲学家和思想家们普遍低估了他们自身哲学传统的丰富性，而急于接轨西方哲学的现代化进程。这次的系列讲座和我的《阴阳的哲学》一书都试图确证这一点。因此，我想赞扬中国思想家的开明性，但是如果这种开明思想是出于对西方智慧的推崇所导致的或者是可能来自于某种关于中国传统的自卑感，那么就不应该赞扬他们。（我在这里所说的包括道家思想，即使最近我的大部分工作更多关注的是儒家思想而不是道家。）中国，你在哲学上为世界贡献了很多！别忘了这一点！

总而言之，我希望我们哲学家应该迈向国际化或全球化哲学的未来，高度重视分析差异的形成，对语言和心理上的细微差别具有内省的敏感性。对心理学和其他哲学观点具有移情意识，这就相当于认识论上的良性开明。最后，还要对我们自己的哲学力量和我们自己传统的独特成就充满信心。我们可以设法做到这一切吗？我不知道，但是当然，我希望我们能。

附录参考文献

[1] 罗伊·鲍迈斯特，约翰·蒂尔尼．意志力：重新发现人类最大的力量 [M]. 纽约：企鹅出版社，2011.

[2] 南希·艾森伯格．有爱心的孩子 [M]. 剑桥：哈佛大学出版社，1992.

[3] 保罗·盖尔．康德的自然与自由体系：精选论文 [M]. 牛津：克拉伦登出版社，2005.

[4] 马丁·霍夫曼．移情与道德发展：关怀与正义的含义 [M]. 剑桥：剑桥大学出版社，2000.

[5] P.J. 爱芬豪．儒家道德修养（第 2 版）[M]. 印第安纳波利斯：哈克特出版社，2000.

[6] 伊曼纽尔·康德．实践理性批判 [M].L.W. 贝克译．纽约：麦克米兰，1985.

[7] 劳伦斯·科尔伯格．道德阶段和道德化——认知：认知发展方法 [A].T. 利科纳．道德发展和道德行为：理论、研究和社会问题中 [C]. 纽约：霍尔特、莱因哈特和温斯顿，1976，31-53.

[8] 琳达・扎格兹布斯基 . 心灵的美德：对美德本质和知识伦理基础的探究 [M]. 纽约：剑桥大学出版社，1998.

[9] 内格尔 . 利他主义的可能性 [M]. 普林斯顿：普林斯顿大学出版社，1978.

[10] 拉塞尔，丹尼尔 . 亚里士多德关于培养美德 [A]. 南希・斯诺 . 培养美德：哲学、神学和心理学的观点 [C]. 纽约：牛津大学出版社，2015.

[11] 斯坎伦 . 我们对彼此的恩惠 [M]. 剑桥：哈佛大学出版社，1998.

[12] 亨利・西奇威克 . 伦理学的方法（第 7 版）[M]. 伦敦：麦克米伦，1907.

[13] 杜维明 . 人性与修养：儒家思想中的散文 [M]. 加州伯克利：亚洲人文出版社，1979.

[14] 布莱恩・范诺登 . 中国早期哲学中的德性伦理与后果论 [M]. 纽约：剑桥大学出版社，2007.

[15] 大卫・华生，罗兰・塔普 . 自我导向行为：自我调整（第 9 版）[M]. 加利福尼亚州贝尔蒙特：汤姆森・沃兹沃斯，2007.